ちくま
Q
ブックス

猫と考える
動物のいのち

◆

命に優劣
なんてあるの?

木村友祐

JN208004

筑摩書房

本文イラスト
須山奈津希

猫と考える
動物のいのち
――命に優劣なんてあるの？

目次

目次

第1章 猫はぼくの先生 009

第2章 まったくちがう世界を見ている存在＝他者 024

第7章 命の世界を心の真ん中に 104

◆次に読んでほしい本 …… 114

第1章

猫はぼくの先生

クロスケとチャシロの「育ち」のちがい

ようこそ『猫《ねこ》と考える動物のいのち』へ！ この本のタイトルを見て「ん？『動物のいのち』を『猫と考える』って、どゆこと？」と、いろんな「？」が頭に浮《う》かんだだろうか。ふふ。

まずは自己紹介《じこしょうかい》をしなきゃだね。ぼくは小説家で、郷里《きょうり》の青森の方言（南部《なんぶ》弁《べん》）を使った小説とか、ぼくらの社会が抱《かか》えた様々《さまざま》な問題をテーマにした小説を書いてきました。だから、動物についての専門家では全然ないのだけど、それでも動物たちについて言うべきことがあるかもしれないと思ったんだ。というのも、動物についてのぼくの見方と、世の中の人々の見方がずれていると思うことがよくあるから。そのズレをはっきりさせることで、この本を手に取ったあなたにも、動物についての新たな見方が生まれたらうれしい。

というわけで、これからぼくは、ふたりの先生と一緒《いっしょ》に、ぼくたち人間を取りまく動物たちのことについて、あれこれ考えていきたいと思う。

その先生というのは、うちで一緒に暮らしている猫たちだ。

ひとりは（一匹《いっぴき》は）、今年でもう十五歳《さい》の、人間でいえば高齢《こうれい》になる**クロスケ先生**。名前のように真っ黒ではないけれど、濃《こ》い灰色の毛色をしている。ブリティッシュショートヘアーとか、シャリュトリューという猫の種類の血筋を引くミックスじゃないかなと思っている。

どのようにうちにやって来たかというと、妻の会社の敷地《しきち》で、まだ生まれて間もない、目も開いてない状態で鳴いていたんだって。すごい大きな声で。お母さん猫がクロスケのことを忘れてしまったのか、あるいは誰《だれ》かがそこに捨てたのか。妻の会社の同僚《どうりょう》が箱に入れて保護したのはいいけど、子猫の面倒《めんどう》を見られる人がいなかったため、妻がうちに引き

取ってきたんだ。子猫を育てるのは大変だったけど、かわいかったなぁ。すくすく育って、もう老猫になっちゃった。

もうひとりは、推定《すいてい》十三歳の、**チャシロ先生**。なぜ「推定」かというと、もともと家族（飼い主）がいなくて、外でなんとか生きのびていた猫だから。うちのアパートの大家さんの猫がいなくなってしまって、心配して玄《げん》関《かん》前にご飯をだしていたら、大きな目をしたチャシロが来るようになったんだ。白い毛の体にオレンジ色に近い茶色の模様があるから、見た目そのままに「チャシロ」と呼んでたら、それが名前になっちゃった。大家さんの猫は、かわいそうでつらいことだけど、瀕死《ひんし》の状態で倒れていたところをぼくが見つけて、病院に連れて行く間もなく、目の前で逝《い》ってしまった……。

クロスケは子どものころから安心して住める家があって、ご飯にも困らないで育った。だから、気持ちのままに欲求を訴《うった》えるし、いちいち不安がることがなくておっとりしている。

一方でチャシロは、外にいて、知らない人間や犬や車が通るたびにビクビクしながら暮らしてきた。うちに入っても、安心するよりも閉《と》じ込《こ》められたと感じるのか、夜になると不安にとりつかれたようになって、鳴きながら歩き回ることが長い間つづいた。ご飯が食べられなかった飢《う》えの記憶《きおく》があるためだろう、ご飯をだせば、だしただけ食べた。不安がおさまり、ご飯も無理して全部食べなくていいと思うようになるまで、気がつけば三年もかかっていた。

同じ猫でも、どこで生まれたか、すぐに人間に引き取られたかどうかで、全然境遇《きょうぐう》がちがう。クロスケみたいに安心して過ごせるか、かつてのチャシロみたいに外でご飯を探しながら生きるか。それはただもう運次第としかいえない。はっきりといえるのは、外で生きざるをえないのは、その猫が悪いわけではないし、その猫に何かの責任があったわけでもないということだ。それは、ぼくら人間の境遇にもあてはまると思う。

　このふたり（二匹《にひき》）がなぜぼくの先生かというと、ほんとうに自分の気持ちにまっすぐに日々を過ごしているから。「〜をしなければ」という義務感とか、「この先どうなるんだろう」という見えない将来への不安とも無縁《むえん》な考え方／生き方をしているから。クロスケとチャシロを見ていると、自分が色んなことに縛《しば》られていることに気づかされる。彼《かれ》らと同じようには生きられなくても、別の生き方があるんだと教えてくれる。そう、動物たちのことを考えることは、裏返すと、ぼくら人間のことを考えることでもあるんだ。

　でも一方で、人間のことを考えるために動物たちはいるのではない。ぼくらがふだん彼らのことをすっかり忘れていたとしても、たったこの今も彼らは彼らの暮らしを営《いとな》んでいることを想像できるようになりたい。

　この章では、ふたりの猫先生と過ごす中で、ぼくが動物たちのことについて考えた色々なことをお伝えしたいと思う。

　なお、ここまでずっと人間と動物は別物みたいにして書いてきたけれど、本来は人間も動物だよね。この本がめざすのはまさにそれ。**人間と人間以外の動物がひとつながりに思えるようになること。**でも、とりあえずわかりやすくするために、人間と動物のことを分けて書きます。

猫は笑わない

ふたりの猫先生に、ぼくは今でも新たなことを教えてもらっている。最近気がついたことは、先生たちが一切《いっさい》笑わないことだ。笑わなくても生きていけるって考えられる？　先生たちは口元が笑っているようなつくりだから、見ようによっては笑っているように見えるけれど、じつは笑っていない。いつだって真顔《まがお》である。

一方で、ぼくら人間は頻繁《ひんぱん》に笑う。ふだんの暮らしの中で、誰かが可笑《おか》しいことを言ったりやったりすると笑うし、お笑い芸人の漫才《まんざい》やコントをテレビで観《み》ては笑う。笑うと楽しい。笑うとしあわせな気持ちになる。沈《しず》んだ心も明るくなる。笑っている人を見るのも気持ちがいいよね。初対面の人が笑顔で接してくれると、こちらも安心する。

さらに、どうしていいかわからなくて困惑《こんわく》したときにも、なぜか歪《ゆが》んだ笑顔が浮かんだりする。誰かに意地悪をするときだって、意地悪な笑い顔になっているでしょう？　とりわけ日本人は――という風に、それぞれの人間をグループでひとまとめにして、一つの性質を強引に当てはめるなんてしたくないんだけど、それでも日本人は特に、本心では楽しくなくても笑顔を浮かべる傾向《けいこう》はあるよね。ぼくもそうだし。それくらい、ぼくら人間と、笑うという行為《こうい》は密接に結びついている。

なのに、クロスケ先生もチャシロ先生も笑わない。先生たちが特別なわけではない。**人間以外のほとんどの生きものたちは笑わない。**犬たちは笑っているように見えるときがあるけど、あれは人間の「笑う」という行為とはちがうものだろう。

ほぼ人類に近い猿《さる》やゴリラは笑うかもしれないが、目元や口元が笑っているように見える豚《ぶた》は、おそらく笑っているわけではない。牛もたぶん笑わない（でも豚も牛も、うれしいとか楽しいという感情は表情にでるかも）。鳥類は笑わない。爬虫類《はちゅうるい》や魚類や虫たちは確実に笑わない。周りを見渡《みわた》してみれば、笑わない生き方のほうが圧倒的《あっとうてき》に主流なのだ。

愛想笑《あいそわら》いをしないかわりに、誰かを小《こ》バカにして笑うこともしない。そんな生き方ができるなんて！

ぼくは、小さな本棚《ほんだな》の上にフクロウのように座ったクロスケ先生をなでながら「すごいね、先生たちは」と言った。

「無理して笑わなくても、問題なく生きていけるんだから」

クロスケ先生は気持ちよさそうに目を細めておとなしくなでられている。**猫先生は笑わ**

ないけれど、無表情というわけでは決してない。目元の表情や尻尾《しっぽ》の動きなどに、心の状態がよく表れるのである。

「先生たちを見習って、ぼくも明日から笑わないで過ごそうかな」

そう言って、さっきまで床《ゆか》にいたチャシロ先生のほうを見ると、そこにはいなかった。廊下《ろうか》に置いたトイレに入っていたらしく、ザッ、ザッ、ザッと盛大な音を立てて猫砂を足でかいているのだった。「どうせ無理でしょ」「やれるもんならやってみなよ」。寛大《かんだい》な先生はそんなことは言わないけれど、ぼくにはそう聞こえてしまった。

猫には「ブサイク」という考えがない

チャシロ先生は目が大きい。外にいたころは、ぼくが帰ってくるとその大きな目をさらに見開いて、小走りに駆《か》けて迎《むか》えに来てくれた。食べられるときに食いだめするせいか、お腹がポンと丸く張っていて、駆けてくる先生のお腹がユッサユッサと回転するように揺《ゆ》れるのがよく見えた。うちに入ってからはお腹の出っ張りはいくらかおさまったけれど、それでもやっぱり膨《ふく》らんでいる。

同じ猫でも全然ちがうクロスケ先生とチャシロ先生

大きな目は、外にいるときはみんながかわいいと思うだろう美形《びけい》の猫に見えた。でも、うちに入ったら、なんとなくユーモラスな顔つきに見えてきたから不思議だ。ブサカワという愛らしさ。

言っては悪いけど、チャシロ先生は、なんとなく体のつくりのバランスが悪いんだ。体は小柄《こがら》なのにみっちり肉がついていて、目も手足も大きくて、脚《あし》が短い。おそらく両親は、小柄な猫と体が大きい猫だったんだろう。

一方で、クロスケ先生は、ずるいなぁと思うんだけど、顔立ちがほんとに整っている。体もスラリと伸びていて。外国の猫の毛は総じて細いのかわからないけれど、毛並みがフワリと柔《やわ》らかくて、なでると心地いい（いかにも和猫な感じのチャシロ先生の毛は太い）。お腹は張っているというより、たるんだ感じで皮が垂《た》れているんだけど、それでも色んなところで得してると思う。

こんなふうにぼくは、ふたりの先生の容姿《ようし》に色んなことを思っている。ふだん、他人の容姿に色んなことを思うように。容姿について、かっこいい／かっこ悪い、かわいい／かわいくない、美しい／ブサイクなどと、勝手に評価を下《くだ》すのが当たり前になっている。他人をそのように見ていると、その視線は自分にも返ってくるので、いつしか自分に対して「まぁ、仕方ないよね」と一種のあきらめを感じるようになっている。

それくらい**ぼくらは、自分や他人の容姿にとらわれて生活している。**見られることが仕事でもあるアイドルやモデルや歌手や俳優も、見ていて気持ちのいい顔立ちの人がほとんどだ。

だけど、あるとき気がついたんだ。クロスケ先生もチャシロ先生も、ぼくの容姿の良し悪しなんか見ていないって。それはもしかして、自分の親を容姿の良し悪しで見ないことと同じなのかなと考えたりもするけれど、他の人間の容姿を見てうっとりしたり、小バカにしたりすることもないだろう（もちろん、人間以外の生きものたちに対しても）。**美し**

いとかブサイクとかの基準は、猫にとっては大事なことではないようだ。そもそも、鏡で自分の顔をたしかめたりすることはない。もしかすれば先生たちには、その人間が自分にとって安全か、やさしくしてくれるか、ご飯をくれるか、ということがいちばん重要なのかもしれない。

こちらの容姿を気にしない先生の前にいるとホッとする。するとぼくも、他の人の顔立ちや体型を、良い／悪いの基準で見るのではなくて、様々な個性の表れとして見るようになった。もちろんどうしたって、好みの顔立ちや体型はあるとしても、「それがすべてではないよね」と自分の心の動きを客観視《きゃっかんし》できるようになったというか。だって、その容姿に生まれたことは、その人の責任ではないのに、勝手にぼくが良い／悪いで見るって、ひどいことじゃない？

ここで、ひとつの問いが生まれる。猫以外の動物たちも、ほかの仲間の容姿を気にしないのだろうかと。足元に座ってぼくを見上げていたクロスケ先生に聞いてみる。

「先生、孔雀《くじゃく》のオスは、メスに求愛するとき、綺麗《きれい》な色の羽根《はね》をバーッと広げると聞きました。それならメスのほうは、オスの姿の良し悪しを見ているということでしょうか？」

話しかけても、微動《びどう》だにせず、じっとこちらを見上げている。クロスケ先生は、何かを要求するとき、目にキッと力がこもる。

「動物によっては、容姿で好《す》き嫌《きら》いを決めることもあるということですか？　でも先生は、ぼくの容姿の良し悪しとは関係なく、ぼくのことが好きなんですよね？」

クールな顔つきの先生は「こいつ何言ってんだ」というふうにますます目を見開いた。そして「ナアーウ！」と抗議《こうぎ》の声を発した。早くおやつをだせと要求しているようだった。

猫は自分を責めない

前の項目《こうもく》とつながる話題なのだけど、ふたりの猫先生と過ごしていてふと気づくことがある。どうやら先生たちは、自分とほかの猫を比べて、どっちが優れているとかいないとか、クヨクヨ考えて落ち込んだりすることはないみたいだ、ということだ。

これはものすごく、というか、決定的にと言っていいくらい、人間とちがうところではないだろうか？

たとえば、家に帰って先生たちをなでるとき、もともと一人っ子だったクロスケ先生の気持ちに配慮《はいりょ》して、クロスケ先生からなでるようにしている（その前に「ちょっと待っててね」というふうにチャシロ先生を軽くなでてはいる)。クロスケ先生がなでられる間、チャシロ先生は「早く自分もしてほしい」というように本棚の角や段ボール箱の角に静かに頭をこすりつけたり、なんだか先に気持ちよくなって自分の体をなめはじめたりする。このとき、「どうせぼくは後から入った猫だよ」といじけている感じはみられない。

猫じゃらしにはクロスケ先生は反応しないので、猫じゃらしでチャシロ先生と遊んでいるときはクロスケ先生は放っておかれることになるのだが、クロスケ先生は「ぼくみたいな年寄りより、後から来た猫のほうが大事なんだ」というふうに拗《す》ねた様子は見せない。逆に「どうしてもっとぼくをなでないんだ」といった感じで、チャシロ先生と遊んでいる真ん中にズイッと身を乗りだしてくる。

その様子を見ると、どうも先生たちは、自分がどう扱《あつか》われているかについて、比較《ひかく》はしても、いちいち自分のせいにして落ち込むことはないらしいと気づかされるのだった。

今自分がかまってもらえないのは別に自分のせいではない。そんなふうに常に自分が世界の中心にあって、揺るがない。あまりにも長くかまわれないと、クロスケ先生のように抗議する。

その点、チャシロ先生が自分の要求を伝えるのが控《ひか》えめなのは、ずっと外で暮らしていたから、人間に甘《あま》えて要求してもいいし、不満があったら抗議してもいいのだということがまだ身についていないせいかもしれない。

自分は自分、ほかと比較して損なわれるものは何もないという生き方。これはぼくら人間が猫先生に学ぶべき大事なことだと思う。なぜって、ぼくらは、周りの評価ばかりを気にして生きているでしょう？　周りの評価のために自分の行動を決めていると言ってもいいくらい。学校でも、社会にでて働いても、成績だの容姿だの人付き合いのうまさだのの評価、評価、評価、評価。一体、何のために生きているのかわからなくなりませんか？

猫先生は、評価など必要としない生き方があるんだと教えてくれる。ただし、気をつけなくてはいけないのは、もしぼくがわざと片方の猫先生だけをかわいがることを続けると、もう片方の猫先生はさすがにいじけてしまうだろうということだ。いつだって自分が中心にある猫先生にも、明らかにそれはわかる。外で強いボス猫や意地悪な人間に追われてばかりいれば、その猫は不安でいつも縮《ちぢ》こまって過ごすようになってしまうだろう。「自分の何かが悪いせいでそうなった」というような落ち込み方はしないとしても、ほかの猫や人間に対して萎縮《いしゅく》する態度が身についてしまう。自分が愛されて受け入れられているかどうかが重要なのは、人間も猫も何も変わらないのだ。

クロスケ先生が玄関の外の景色を見たいと要求する。ずっと部屋に閉じ込めておくのはかわいそうだと思って、子猫のときからドアを開けて外を見せていたら、それが日課になった（でもこれは、いきなり大きな物音がしたり、何かに驚《おどろ》くと外に逃《に》げてしまうリスクがあるので、真似《まね》しないでほしい）。

当然のようにぼくに要求するクロスケ先生。忙《いそが》しいときや疲《つか》れているときにはたまにうるさいなぁと思うこともあるけれど、遠慮《えんりょ》なく要求したり抗議したりできるのは、そうしても怒《おこ》られないというこちらへの安心感と信頼《しんらい》があるからなんだと思う。

第2章

まったくちがう世界を見ている存在＝他者

身近な生きもののスケッチ
——ハト・スズメ・カエル・クモ

ふたりの猫《ねこ》先生と暮らして、人間とはちがう生き方があるんだなぁと日々感心してきたぼくは、そこから自然と、身の回りの人間以外の生きものに目を向けるようになった。

　すると、そこには世界を別の角度から見る手がかりがたくさんあると気づき、同時に、まだまだその視点が人々の間で共有されていないことにも気づかされた。そのためこうして、ぼくが気づいたことをお伝えしようと、動物の研究者でもなんでもないのにこれを書いている。――ここからはしばし、哺乳類《ほにゅうるい》のイメージの強い「動物」という言葉から、もっと広い意味の「**生きもの**」という言葉を使いますね。

ぼくがこれまで見た生きものたちの光景をスケッチふうに書いてみる。

まずはハト。ハトはどこでもよく見かけるから、全然ありがたみを感じないかもしれないけれど、地味な模様のようでいて、よく見ると首元にきれいな虹色《にじいろ》の模様があったりする。

ある朝、ぼくが地下鉄の駅に向かっていると、近くの雑居《ざっきょ》ビルの下にハトがいた。壁《かべ》に垂《た》れ下《さ》がった細いホースの先にクチバシを近づけている。何してるんだろうと見ると、どうやらそのホースはエアコンからでた水を排出《はいしゅつ》するものらしくて、ハトは、ホースの先端《せんたん》からポタポタ落ちてくる滴《しずく》をクチバシの先で受けて飲んでいたのだった。ハトがそんなふうに水を飲むのははじめて見たし、ハトも生きるために水は欠かせないのだと気づかされた瞬間《しゅんかん》だった。

でも、ハトが苦手だったり、嫌《きら》いな人もいるみたいだ。「ハトが恐《こわ》い」と言った若い男性もいたし、たまたまぼくの前を歩いていた女性は、ハトが飛んできたら嫌《いや》そうに激しく身を引いた。餌《えさ》をもらい慣れたハトは、妙《みょう》に近寄ってきて横目でこっちを見たりするから、嫌いな気持ちもわからなくもないけれど、なんだか悲しくなってしまう。

スズメもよく見かける鳥だね。やはり地味な色で、あまり大事にされてない気もするんだけど、丸っこくて、すばしこくて、かわいい。道端《みちばた》に生えた一本の木からたくさんスズメの声が聞こえることがあって、どうやらその木の葉陰《はかげ》に群れが集まってにぎやかに騒《さわ》いでいるんだなと気づくと、微笑《ほほえ》んでしまう。

ぼくはスズメがたくさんいると安心するんだ。なぜかといえば、ありふれていると思っているスズメも、数が減ってきているみたいだから。だれの邪魔《じゃま》もしない、かわいらしい鳥がいなくなるなんて、さみしい（あれ、やっぱりぼくは容姿《ようし》にとらわれてる？）。

地味な生きものの話がつづくけど、家の近くでクロスケ先生にリードをつけて散歩させていると、大きなヒキガエルに出会うことがある（猫の散歩も子猫のときからの習慣だが、何かに驚《おどろ》いたときにリードをすり抜《ぬ》けて逃《に》げてしまう危険があるので、安易に真似《まね》しないでください）。ヒキガエルの体って、ずんぐりして、茶色っぽい色でヌメヌメしていて、背中にはブツブツがあるし、これも苦手な人が多いかもしれない。だけど、見慣れると、ぬぼーっとした雰囲気《ふんいき》がなんだかかわいいんだよね。

クロスケ先生は、興味津々《きょうみしんしん》で鼻を近づけたりするけど、手はださない。ヒキガエルさん

身の回りには色んな生きものがいる

は、先生に顔を寄せられて逃げようとしているのだけど、動きがゆっくりだ。君、そんなんで大丈夫《だいじょうぶ》かって心配になる。実際、車に轢《ひ》かれてぺちゃんこになってしまったのをよく見かける。

あんなに大きくなるまでにどれだけかかったのだろう。ほとんどアスファルトで覆《おお》われた住宅街には満足な水場も土もないのに、どこで生まれて、何を食べながら育ったのかな、といつも不思議になる。道路の真ん中をゆっくり横切っていたりすると、心配になって、拾った葉っぱとかに乗っけて道路の端《はし》まで移動させることもある。

家の中では、ネコハエトリというクモ

をよく見かける。ちいさくて、ピョンと跳《は》ねて移動するクモだ。見かけたことあるでしょう？　このネコハエトリも、なんだか控《ひか》えめな存在感で、かわいい。家の中の、人間に悪さをするちいさな虫を食べてくれているのだろうと、ぼくのうちでは見かけても退治したりしない。

でも、クモをはじめとする虫たちは、ぼくら哺乳類と全然ちがう体のつくりをしているから、それこそ受けつけない人も多いかと思う。ぼくのデビュー作の担当編集者だった人も、心やさしい人なのに、虫は苦手だと言っていた。「エイリアンみたいなものですよ」と。

たしかに、同じ生きものとは思えないほど、姿かたちも生態《せいたい》もぼくらとちがう。ぼく自身、虫には慣れないし、とくに蛾《が》や蝶《ちょう》の幼虫《ようちゅう》といったモコモコ・プニプニ系とか、蟯虫《ぎょうちゅう》や線虫《せんちゅう》みたいなウネウネ系にはゾゾゾと生理的な恐怖《きょうふ》とか拒否《きょひ》とかの心の反応が起きる。

だけど、どんなに奇妙《きみょう》に思える姿と生き方だとしても、この地球上の物質をもとにして生まれて、各自が生き残るために最善《さいぜん》だと思う方法を選んで今まで生き抜いてきたわけでしょう？　それはぼくら人間と変わらないし、**それぞれの「選択《せんたく》」に優劣《ゆうれつ》はなくて、どんな生きものであってもその生き方自体は尊重すべきもの**だとぼくは考えている。たとえ、人間に害を与《あた》える生きものからはそのつど身を守る必要があるとしても。

基本的にはそう考えるのだが、家に入ってきたゴキブリやネズミはどうする？　温かく見守って一緒《いっしょ》に暮らすかと言われれば、さすがにそれはできない。退治せざるをえない。そうした矛盾《むじゅん》を、じつはぼくは常に抱《かか》えている。

ゴキブリやネズミが入ってきても、ふたりの猫先生がいるから大丈夫だと思うでしょう？　だけど、クロスケ先生も、チャシロ先生も、目を丸くしてジーッと見つめるだけで何もしてくれないんだ。結局、人間が大騒ぎして退治することになる。

先生たち、話とちがうじゃないか、頼《たの》みますよ。

電線を歩くハクビシンと、電線にぶら下がったネズミの話

ある夜に見た、二つの不思議な光景のことも書いてみよう。どちらも電線にまつわる話だ。

仕事から帰ってきて、アパート前の路地《ろじ》に入ったとき、頭上に張《は》り巡《めぐ》らされた電線の上

電線をわたる ハクビシン

を歩いてこちらにやってくる生きものがいるのに気がついた。はじめは猫だと思って、うわー、あんな電線の上も歩けるんだと感心して見ていたら、なんとなく猫ともちがう感じがする。タヌキだろうか？

　よく見ると、目と目の間の額から鼻筋にかけて、白い筋が入っていた。ハクビシンだった。もともとペットとして飼われたハクビシンが外に逃げたか捨てられたかして野生化し、家の天井裏に棲《す》みつくようになったという話を聞いたことがある。そのハクビシンも、どこかの天井裏に移動する途中《とちゅう》だったのかもしれない。

　それにしても、まさか電線を伝って移動

するなんて、と驚いたのだった。電線を歩くハクビシンを見たのは、後にも先にもその一度きりである。

そしてもうひとつの出来事は、家に入ってきたネズミの話。

あれは十年ほど前の夏の夜だったと思う。猫先生のためにベランダのドアを少し開けていたのだが、そこからネズミが入ってしまった。ちいさいネズミだけど、部屋のなかで対《たい》峙《じ》するのは緊張《きんちょう》した。物陰《ものかげ》から物陰へと移動するときの素早さが怖《こわ》い。目の前を横切るたびに「うわっ」と声がでるのだった。それでも、生きものにやさしくありたいぼくは、同居できるだろうかと一瞬《いっしゅん》考え、いや、無理だと判断する。テレビを置いた台のうしろに隠《かく》れたネズミを、スリッパをバンバン鳴らして追い立てた。すると、飛びだしたネズミは、うまいことベランダのドアの外に出ていった。

ひとまずホッとした。だけど、ベランダに残っていたらまた入ってきてしまう。スリッパを打ち鳴らしながら、ドアから身を乗りだして様子をうかがうと、ネズミはいた。でもベランダの上ではなくて、アパートの壁から路地のほうに伸《の》びている一本の細い電線の上にいた。一体どうやって移ったのだろう。その細い線を揺《ゆ》らしながら、よちよちした足取りで路地に沿って張られた電線のほうへ逃げていくところだった。

ネズミは電線に
ぶら下がったまま動かなくなった

台所の窓から、目線より高い位置に数本の電線が横切っているのが見えた。そのうちの一本に細い電線は接続していて、ネズミはサーカスの綱渡《つなわた》りのように器用に細い電線をたどってそこまで到達《とうたつ》した。

すごいなぁと感心して見ていたら、あろうことか、路地の電線に移った途端《とたん》にクルッと滑《すべ》るように体が落ちたのだった。細い電線からそちらの電線に揺れが伝わったため、振動《しんどう》でバランスを崩《くず》したようだ。

落ちたかと思ったけれど、ネズミはかろうじて、小さな両手で電線につかまってぶら下がっているように見えた。何度か逆上がりのように下半身を上げるのだが、うまくいかない。やがてあきらめたのか、ブラーンとぶら下がったまま動かなくなった。

このままだと落ちてしまう。動物もしくじるのだなと笑うよりもなんだか不憫《ふびん》になった。ベランダの物干《ものほ》し竿《ざお》を差しのべたら乗り移れるだろうか、などと考えをめぐらせたけれど、うまい方法が見つからない。ベランダから物干し竿を差しのべるにしても、あるいは外にでて地上から差しのべるにしても、長さが足りなくて到底《とうてい》届かないと思ったから。

そのうちネズミのことはあきらめて、ぼくはふだん通り過ごすのだが、晩ご飯を終えて食器を洗っているときも、ネズミはまだぶら下がっていた。風呂《ふろ》から上がったあとにもまだそこにいた。変化はなかった。いずれ力尽《つ》きて落ちてしまうとわかっていても、何もしてやることができない。

寝《ね》る前にもう一度見たときだ。そこにネズミの姿はなかった。ああ、ついに落ちてしまったのかと暗い気持ちになった。が、ふと電線の横に目を向けて、思わずアッと声をあげた。なんと、ネズミはちょこんとその上にいたのだった。電線の途中《とちゅう》に取り付けられた、何かの器具の上である。丸くうずくまって体を休めているようだった。そのネズミから、「ああもうマジヤバかった、死ぬとこだったぜぇ……」とでもいうような安堵感《あんどかん》が伝わってくるようだった。ぼくは思わず笑った。「お前、たいしたやつだな」と拍手喝采《はくしゅかっさい》を送りたい気分だった。そして、朝になってまた確認すると、ネズミはもういなくなっていた。

「そのときのぼくの気持ちがわかりますか、先生方」

と、ブラシで猫先生たちの毛をすいてあげながら聞いてみる。ふたりともおとなしく腹ばって毛をすかれていて、クロスケ先生は心地よさそうにパタン、パタン、と尻尾《しっぽ》を揺らしていた。そうだ、そのときはまだチャシロ先生はうちに入っておらず外に住んでいて、部屋の中にはクロスケ先生しかいなかった。ぼくがネズミと闘《たたか》っているとき、先生はどこにいたの……。

「ぼくはネズミに対して、同じ生きものとしての共感みたいなものを感じたんですよ」

たっぷりしたお腹を見せて横たわっていたチャシロ先生は、突然《とつぜん》、すいた毛がみっしり詰《つ》まったブラシをカプッと噛《か》んだ。

同じ時間に多種多様な生きものが生きている

ぼくらは、そのように、じつは様々《さまざま》な生きものたちに取り囲まれながら暮らしている。でも、日々色んな生きものたちを目にしていながら、とくに気にとめていないのではないだろうか。ほかでもない、ぼく自身が、油断するとそういう心の状態になっている。

どうしてだろう？　心のどこかに、この世界は人間が主人公で、ほかの生きものはたんなる脇役《わきやく》、いや、脇役より下の扱《あつか》いの端役《はやく》だという意識があるからではないか。日々のニュースでも、小説でもマンガでも映画でも音楽でも、ほとんどすべてと言っていいくらい、ぼくら人間は人間のことばかり話題にしている。だから、人間以外の生きものたちのことを軽視してしまうのも当然かもしれない。

けれど、ちょっと想像を働かせてみたい。そのように軽く思われている生きものたちは、おそらく、というか、確実に、自分が取るに足らない端役だなんて思っていない。実際はどう思っているか聞いたことはないし、聞いたとしても答えは得られないと思うけど、その日その日を生きのびるために全力をつくしている生きものたちが、自分を端役だと思って生きているなんてありえないでしょう？

ぼくがこれまで、身の回りの、さしてめずらしくもない生きものたちのことを長々書いたのは、**一度、その生きものの目線になって世界を見るという想像を働かせてほしい**と思ったから。そう想像してみれば、ぼくらは、生きものたちがそれぞれの角度から見ている、たくさんの世界に取り囲まれていることに気づくはず。

ぼくら以外にも、電線から落ちかけたネズミのように、あっぷあっぷしながら日々を暮らしている存在があちこちにいる。つまりそれは、**生きものの数だけ世界があり（今、生きものたちがそれぞれの角度から「見ている」世界について話したけど、たとえ暗いところで暮らす目が見えない生きものでも、体で感じている世界がある）、たったこの今も、**

同じ時間に、多種多様《たしゅたよう》な生きものたちがそれぞれの感覚で生きているということだ。それって、じつはすごいことだと思いませんか？

そのように一所懸命《いっしょけんめい》に生きているだれかがいて、だけどもう一方には、そのだれかが必死に生きていようが興味もないし、その存在自体を取るに足らないと思う者がいる。そこには、後者のほうが圧倒的《あっとうてき》に強い力を持つという、力関係における不均衡《ふきんこう》があるだろう。動物に対する人間がその構図にあてはまる。不思議なのは、人間は想像力が発達しているのに、関心がない相手にはまったく想像力を働かせないことだ。

また、人間同士であっても、社会における**マイノリティ**（たとえば日本社会では在日外《ざいにちがい》国人《こくじん》や障がい者などの少数派）に対して、**マジョリティ**（たとえば日本社会では日本生まれの日本国籍者《こくせきしゃ》や健常者《けんじょうしゃ》などの多数派）は、往々にしてマイノリティの存在を取るに足らないものとして見がちである。

嫌いな生きものに対して、邪魔だからいなくなればいいと、軽い気持ちで思ったことはないだろうか。そういう心の動きは、ぼくの中にもあるけれど、だからといってその気持ちを当然だと認めてはいけないと思う。なぜなら、そう思うことに慣れてしまうと、たとえば人が人に対して「邪魔だからいなくなればいい」と思うことに対しても、抵抗感《ていこうかん》が薄《うす》くなってしまうからだ。

動物の話から、突然《とつぜん》人間の話になって、びっくりしただろうか？

だけど、**この命は重要で、この命は重要じゃないと「命を線引きする」という意味では、生きものに対してそう思うのと、人間に対してそう思うのと、本質では変わりがない**とぼくは考えているんだ。というか、この世に生まれた命としてどの命も同じはずなのに、歴史上のある時点で、人間以外の生きものたちの命は自分たちが好きに扱っていいと人間が考えた（命を線引きした）ことが、めぐりめぐって、同じ人間に対してもそのように考えるきっかけを生んでしまったのではないだろうか？

だれかを奴隷《どれい》にする。敵対する集団を虐殺《ぎゃくさつ》する。様々な正当化《せいとうか》の理屈《りくつ》をつけて相手を「殺してもよい」とみなせば、人間はどんなこともできてしまう。今までの人間の歴史を見てみればそれは明らかだ。現代でも、たったこの今（二〇二四年十月）も、中東のパレスチナの地では、兵士でもない女性や子どもまでもが虐殺されている。

ぼくはみんなにはそれをふつうだと思ってほしくないから、ほかの生きものに対する想像力と共感をもつための手がかりについて、こうやって書いているのかもしれない。力を持ったえらい人が、色んな理屈をつけて、仲良くないほかのだれかを「殺してもいい」だなんて言っても、だまされちゃいけない。

なんかいきなり力が入ってしまったけど、自分以外の生きものが見ている世界の存在について教えてくれたのが、クロスケ先生なんだよね。まだチャシロ先生がうちに入る前、一人っ子でわがまま放題だったとき、仕事から帰ってちょっと一服《いっぷく》しているぼくを、クロスケ先生は早くかまってほしいと待ちながら、じっと座って見ていた。その目を見つめていると、ぼく自身がクロスケ先生になって、椅子《いす》に座って休んでいるぼくの姿を見ているような感覚になったんだ。猫が見て感じている世界がたしかにあるんだと実感した。それからなんだ、ほかの生きものたちが見ている世界が気になるようになったのは。**その世界が、ぼくら人間が見ている世界よりも「取るに足らない」なんて、あるわけがない。**

第3章

動物のことを ホントに理解できる？

人は擬人化することでしか 他者を理解できない

ここまで、動物たち（生きものたち）が見ている世界のことについて書いた。でも、じゃあ、実際にどのように見えていて、どう感じているかと問われても、確認できないので答えられない。人間であるぼくは、人間の体を持ったぼくの経験を通して、それらを想像するしかない。

だったら、たとえば、人間にはない翼《つばさ》を持つ鳥たちが見て感じている世界を、どれだけ正確に想像できるのだろう？ 鳥たちは卵を産むけれど、卵が自分の体の中で大きくなるときの感覚は想像できる？

水の中で暮らす生きものたちのことはどうだろう？　魚は鰓《えら》が呼吸器官で、鰓を通して吸《す》い込《こ》んだ水から酸素を取り込むそうだ。鰓を持たないぼくら人間がずっと水の中にいたら呼吸ができなくなって苦しんで死んでしまうけれど、魚は水を吸ったり吐《は》いたりして自由に活動できる。人間が走るときは呼吸が速くなるように、魚たちも速く泳がなければならないときは、水を吸ったり吐いたりも忙《いそが》しくなるのだろうか？

蛇《へび》は、手足を持たない体の構造だから、手足を使って目的を遂《と》げるという考え自体を持たないはず。だから、手足がある生きものをうらやましいと思うこともないはずだけど、頭を先頭にして、体をうねうねと器用に動かしながらゆっくり進む感覚とはどんなものだろう？

考えだすと、想像が及《およ》ばないことだらけだ。とはいえ、哺乳類《ほにゅうるい》も鳥類も魚類も爬虫類《はちゅうるい》も、体の中心に脊椎《せきつい》という骨格を持つ脊椎動物で、まだ脊椎があるぼく自身の感覚を拡大させたり変形させたりして想像を試みることはできる。

しかし、無脊椎動物のことになると、もはや想像が届かない。ナマコやクラゲが何をどう感じているのか、何がイヤで何に楽しみを感じて暮らしているのか、果たしてぼくらに

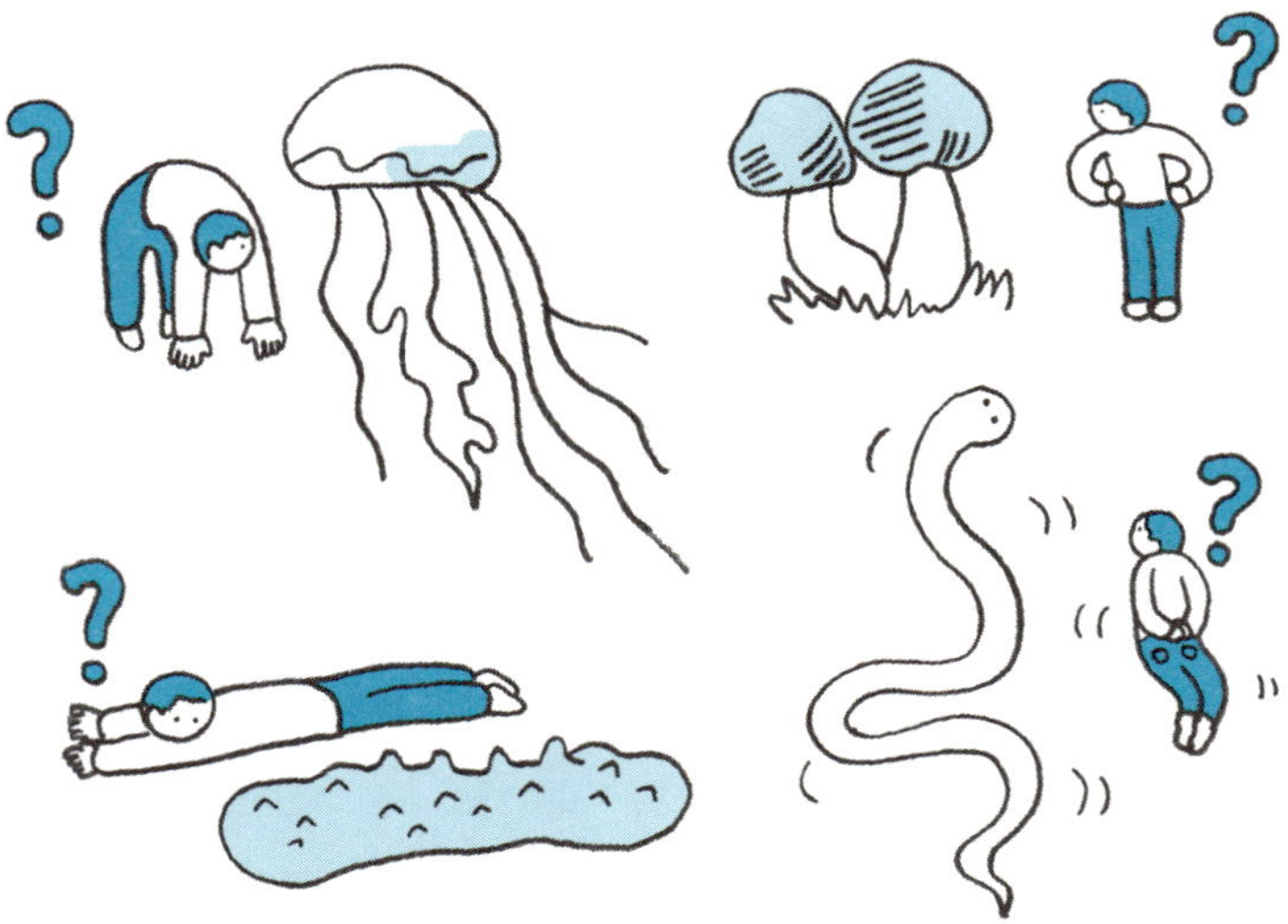

わからないかもしれないけど、ためしに想像してみよう

わかるだろうか？　人間は二つの目で世界を一つの像として見ているけれど、それ以上にたくさん目が集まった複眼《ふくがん》をもつ虫たちには、世界がどのように見えているのだろう？

キノコといった菌類《きんるい》となると、もう完全にお手上げだろう。

まったく自分の感覚が通用しない存在がある。文学や学問の世界では、それをよく「**他者**《たしゃ》」という言葉で表現していて、ここでもそう呼ぶ。まだ理解の及ぶ「他人」よりも、もっと根本から自分とは立場のちがう、わからない存在としての「他者」。

しかし、本来は決してわかりようがな

いものを、瞬間的《しゅんかんてき》に理解したような気持ちにさせる方法がある。人間ではないものを人間のように描《えが》く「擬人化《ぎじんか》」である。先ほど、キノコなどの菌類が世界をどう感じているかの想像は「完全にお手上げ」と書いたけれど、イラストで椎茸《しいたけ》を描《か》き、そこに顔が描かれていたら、どうだろうか。しかも、「原木栽培《げんぼくさいばい》で、ボクこんなに大きくなったよ!」なんてセリフもつけられていたら。わからなかった存在が、一気に親しみのある存在に変化した感じがしたでしょう?

ぼくらはそのように、擬人化を通して、鳥や魚や蛇やナマコやクラゲ、さらに虫やキノコのことまでも、本質的にわからない相手を、話が通じるかもしれない存在としてとらえ直している。さらに生きものだけでなく、山や岩や川や海、台風にまで、擬人化の効用はあるだろう。擬人化とは、だから、つながるはずのないもの同士の世界をつなぎ、理解に誘《いざな》う万能の魔法《まほう》といえる。逆にいえば、ぼくらは擬人化を通さなければ、わからない相手のことを自分の中にとらえることができないのだと思う。

「先生、ぼくは何も知りませんでした」

お気に入りの浅い箱に入ったクロスケ先生を前に、ぼくは正座して深々《ふかぶか》と頭を下げた。

クロスケ先生は箱のへりに両方の前足を置いて寝《ね》そべっていて、大変えらそうに見える。

「ぼくら人間は、こんなにも、全然ちがう生きものたちに囲まれていたんですね」

クロスケ先生は表情を変えず、泰然《たいぜん》とぼくを見上げていた。チャシロ先生が遊びたそうに、ぼくのお尻《しり》に頭をそっとこすりつけていく。

「でも、たとえば先生だって、ぼくらと全然ちがう生き方ですよね。なのに、どうして一緒《いっしょ》に暮らせるんでしょうね？」

そのとき、気持ちよさそうに尻尾《しっぽ》を振《ふ》っていた先生は、ストン！　と一度、尻尾でつよく箱の底を打った。「なんの疑問もない」と言っているようだった。

……と、こんなふうに、ぼくが猫先生とやりとりするのも、広いくくりでの擬人化に入るだろう。擬人化ふうというか。

先ほど、擬人化は「万能の魔法」だと書いた。でも、万能であることと背中合わせに、逆にほんとうの理解から遠ざけてしまう弊害《へいがい》もあることに気づいているだろうか。

だけど、擬人化された動物は尊重されてる？

擬人化は、小説や映画やマンガやアニメ、SNSにテレビCMなどなど、あらゆる場面で使われている。見渡《みわた》せば、擬人化であふれているといっていいくらいだ。

現実には動物たちと言葉を用いて会話することはできないのに、猫や犬が言葉をしゃべり、カワウソや馬が歌う。それはかわいらしいし、どこかユーモラスである。動物たちへの親しみがグッと増す効果があるのはたしかだ。一見、何も悪いことはないように見える。

だけど、**その表現は、どこまで動物自身のことを考えているんだろう？**と疑問に思うこともしばしばだ。たとえば、ある会社のCMでは、三頭の馬が並んで会社名が入った歌詞を歌うのだが、口を開けて歌うたびに、大きな歯が剝《む》きだしになる。出っ歯に見えるおかしさを強調するように映像が作られていて、親しみをこめて馬を描いているようだけど、結局は、歯の大きな馬を笑い者にしているのではないだろうか。

猫や犬が時折見せるおかしなしぐさを、笑うことはぼくもある。毎日ある。クロスケ先生やチャシロ先生のことを、ちょっとふざけた感じで書くのも、先生たちが見せる意外性のあるおかしみやかわいらしさを感じてほしいから。ただ、そこがギリギリなところで、どこかでぼくも猫という種のことをかわいらしいオモチャのように扱《あつか》っているのではないか、という疑いはゼロではない。

ただ、少なくとも、動物たちを笑う（見下して嘲笑《ちょうしょう》する）ことを当たり前のこととは思わないように気をつけている。動物たちを見て「笑ってもいい」と思う気持ちの中には、「人間のほうが上で動物は下」という、動物たちを見下す気持ちがあるように思うから。

そして、人間とはちがう動物たちの姿を、その独特の容姿やかわいらしさを利用して、会社名を宣伝《せんでん》するようなことはやらないように気をつけている（じゃあ、この本のタイトルに猫を持ちだしているのはどうなの？　と問われたら、うぅ、たしかに猫のイメージで興味を持ってもらおうとしたことを白状します）。

ある動物を擬人化するとき、その動物を尊重する気持ちにもとづく表現なのか、逆にただ都合よく利用しただけの表現なのか、というところが、良い擬人化と悪い擬人化の別れ道になるのかもしれない。**肝心《かんじん》なのは、その動物に対する尊敬の念があるかどうかだ。**

いちばんやってはいけない擬人化は、自分の苦しみを言葉で訴《うった》えることのできない動物たちの声を、人間に都合のよいかたちで勝手に作り上げることだ。それは動物たちの声を奪《うば》うことである。盗《ぬす》むこと、といってもいい。その最たる例が、人間の食べ物にされる牛や豚《ぶた》や鶏《にわとり》に、「みなさんの命のために私の命をあげます。だからおいしく食べてね」などと言わせるような作品だ。数年前、ある新聞で、命の大切さを伝える絵本だと評判になっているという紹介《しょうかい》を見て、その絵本を読んでみたら、まさにそのような作品で驚《おどろ》いた。ありえないと思った。

読者のみなさんは、これまでそのような作品を目にしても、とくに疑問を感じなかったかもしれない。しかし、実際に牛や豚や鶏が屠畜《とちく》（食肉に加工するために「家畜《かちく》」を殺すこと）される光景を目にしたら（ぼくは映像で観《み》た）、そんなセリフなんか完全な嘘《うそ》っぱちだとわかると思う。なぜなら、自ら進んで殺されに行く動物は絶対にいないから。彼《かれ》らは最後まで怯《おび》えて、逃《に》げられない柵《さく》の中でも必死にもがいて逃げようとしている。その姿は正視するのがつらいほど痛ましい。動物たちの肉を食べるなら、その現実を知ったうえで食べるべきなのだけど、ぼくらにはその現場は完全に隠《かく》されている。

チャシロ先生が好きな猫じゃらしも、鳥の羽根《はね》や、何かの動物の皮を使っているものが多い。きっとそれらも、たまたま死んだ動物の死骸《しがい》から取ったものではなくて、猫のオモチャを製造するために大量に飼育した動物の体から取ったものだろう。だからぼくは、なるべく動物の素材を使わない猫のオモチャを使うようにしている。

百円ショップで買った、プラスチックの羽根がついた猫じゃらしは、思った以上にチャシロ先生のお気に召《め》した。気分が乗るとダダダダッ！　と追いかける。猫じゃらしを振りながら聞いてみた。

「先生。これからも『先生』とお呼びしてもいいですか」

ダダダダッ！

「擬人化について書いたら、『先生』と呼ぶのもなんだか」

ダダダダッ！　ズダッ！（方向転換《てんかん》した音）

「小《こ》バカにしているような気がしてきたのですが」

ダダダダッ！　ズザザザー！（スライディングで仕留《しと》めた音）

猫じゃらしで遊ぶときの鉄則は、最後は必ず猫が仕留めたところで終わらなければならないこと（でないと自信喪失《そうしつ》になるかもしれないから）。先生は仕留めた猫じゃらしに頭をこすりつけ、羽根をカプリと噛《か》んだ。達成感と陶酔感《とうすいかん》が伝わってくる。ぼくの擬人化問題よりも、先生にはこの瞬間がすべてなのだ。

「わからない」という余地を保つ

クロスケとチャシロを「先生」と呼ぶのも、質問に対するふたりの回答を想像するのも、ぼくが勝手にやっていることである。からかいと尊重のギリギリの狭間《はざま》で、そのありえなさを遊んでいるともいえる。

気づいた方もおられるかもしれないが、そのふたりが実際に話した場面はぼくは書いていない。というのも、猫である先生たちの実際の気持ちは、結局はわからないという思いがあるからである。

この「わからない」という部分を保持しつづけることが大事じゃないかとぼくは思っているんだ。たとえかわいらしく、あるいはユーモラスに擬人化して動物たちのことがわかったような気になっても、それは「わかったような気」になっただけで、実際はどうなのか、ほんとうのことをぼくらは知らない。だから、**「わからない」という余地を自分の中に残すことは、相手が自分とは異なる者であることを謙虚《けんきょ》に認めることであり、それはつまり、相手の存在を尊重することにつながるのではないか**と思う。

ひとつ断っておかなければならないけれど、ぼくは擬人化自体を否定しているわけではない。前のほうでも少しふれたけれど、擬人化された動物のキャラクターを愛することが、実際の動物たちに親しみを抱《いだ》く大きなきっかけになることは当然あるから。そして、ぼくが書く小説のように現実のルールに縛《しば》られた作品よりも、格段に自由で生き生きした動物たちの世界を見せてくれたりもする。そういうときはやはり、擬人化の効用と可能性の大きさを思わざるをえない。

相手について「わからない」部分を残したままでいることが、なぜ、相手のことを尊重することになるのか、もう少し説明したほうがいいかもしれない。前の項《こう》で、動物たちの「声を奪う（盗む）」ことはやってはいけないと書いた。それとつながると思うけど、たとえばぼくの前に、ぼくとは立場の異なる人がいて、その人の話を聞いても色々なことがわからなかったりする。そのわからない部分があるからこそ、その人はその人なのに、わからない部分をなんでもぼくがわかることにあてはめてしまうと、その人の存在はすべてぼくの勝手なイメージに塗《ぬ》り込《こ》められて、その人自身の固有性《こゆうせい》（もともと備わっていて、それによって他と区別されるような性質）は消えてしまうことになる。それは、ぼくが見ている世界から、その人が消えてしまうことと同じではないだろうか。

逆の例でいえば、ぼくが動物たちのおかれた苦しい現実をなんとかみんなに知ってほしいと思っているのを、ほかの人に「ああ、動物愛護《あいご》の人か、わかった」と簡単に片付けられたら、自分が半分消えたような寂《さび》しさやわだかまりを感じるだろう。ぼくが動物愛護の方向性で話しているのはたしかにそうだけど、ただ「愛そう」「守ろう」と言いたいわけではないから。動物のことに限らず、人間についても、優劣《ゆうれつ》のない同じ命であるはずなのに、尊重される命とそうでない命があるとみなされる理由について、一緒に考えてほしいと思っているのだから。

わからなさを受けとめることは、相手の固有性を損《そこ》なわずに受けとめることであり、自分とは異なる相手が「いま・ここ」に存在することを認めることである。言いかえれば、**自分の世界の中に、自分とは異なる相手を異なるままにちゃんと存在させるということ**である。……かえってわかりづらくなっただろうか。

洗濯機《せんたくき》の後ろの窓から、クロスケ先生が網戸越《あみどご》しに外を見ていた。最近は夜になるとそこで外を眺《なが》めるのがお気に入りである。

「先生、何見てるんですか？」

狭《せま》い窓枠《まどわく》にちょこんと座ったまま、先生は答えない。

「白丸《しろまる》でもいるんですか？」

白丸とは、階下の住人が面倒《めんどう》を見ている猫で、クロスケ先生ともチャシロ先生とも昔からの顔なじみである。

先生のなで肩《がた》の後ろ姿が憂《うれ》いをたたえているように見える。でもたぶん、というか確実に、それはぼくにそう見えるだけである。

使えなくなった言葉――「馬鹿」「ケダモノのように」

動物たちの立場になって考えるようになると、ふだん何気なく使っている言葉に違和感《いわかん》をおぼえるようになった。

まず、なんといっても、「動物」という言葉。「動く」＋「物」＝「動物」。動物をモノとみなしているらしい。一体だれがこんな言葉を考えたんだろう、この言葉があるせいで、猫先生たち動物が低く見られるようになったんじゃないかと腹が立つ。

昔は「畜生《ちくしょう》」という言葉があったようだが、国語辞典の大辞林《だいじりん》には仏教用語として「鳥《ちょう》獣虫魚《じゅうちゅうぎょ》の総称《そうしょう》。前世の悪業の報《むく》いとして受ける生の形の一つ」とあったり、「人間に値《あたい》しないものの意で、卑劣《ひれつ》な人や不道徳な人をいう」ともあったりして、おいおいと思う。どうしても動物を低く見たいようだ。

作家の石牟礼道子《いしむれみちこ》さんは**「生類《しょうるい》」**という言葉を使っていた。大辞林には「生き物。動物」とだけ書かれていて、変な意味づけがないこの言葉のほうが使いやすい。ぼくが時々動物のことを「生きもの」と書くのも、ここからきている。

「馬鹿《ばか》」という言葉は、神永曉《かみながさとる》さんという辞典編集者がブログに書いたところによれば、語源は諸説あり定かではないようだ。でも、「馬」と「鹿」の漢字を使っているから、結局は馬と鹿がバカの代表みたいに使われている疑いがあって、この漢字のままでは使いづらい。

問題なのは、陰惨《いんさん》な殺人事件の犯人の犯行などを表すときによく使われる「ケダモノのように」という言葉。ある動物がほかの動物を攻撃《こうげき》して捕《と》らえ、食べる姿は、たしかに荒々《あらあら》しく、恐《おそ》ろしくもある。けれど、それは自分が生きるためにやっていることだ。人間関係のもつれで憎《にく》くて殺すとか、口封《くちふう》じのために殺して遺体を破壊《はかい》するとか、戦争において敵国の人々を虐殺《ぎゃくさつ》するとかは、人間だけが行うことである。人間だからそうできてしまうというか。だから、人間が行う行為《こうい》のことに動物を持ちだすのはおかしいとぼくは思う。

ほかにも「犬畜生」とか「そんなもの犬にくれてやれ」とか「権力の犬」とか、さらには「肉屋を支持する豚」(自分を苦しめている張本人を軽率《けいそつ》に応援《おうえん》する者をからかった言葉)とか……。とりわけ誰《だれ》かを罵《ののし》るときの「豚野郎《ぶたやろう》」という言葉は、ぼくは絶対使わない。小説の登場人物のセリフとしても使わない。なぜ豚がバカにされなきゃいけないんだ? こんなにも人間のために強制的に産みだされて、生まれてきた楽しみを満喫《まんきつ》するための環境も自由も与えられずに人間のために殺されているのに? ほんとうは頭がよくて愛らしい生きものなのに?

まぁ、今紹介した言葉はふだんあまり使わない悪口だけど、それでも「馬鹿」のように一般的《いっぱんてき》になっている言葉を「使わない」というのはなかなか難しい。使う/使わないはみなさん次第だけど、**動物に関わる言葉を使う前に、それがどんなものなのか、ちょっと立ち止まって考えてみてほしい。**

「先生、『猫の手も借りたい』という言葉がありますが」

クロスケ先生もチャシロ先生も、おやつを食べ、ひとしきり遊んで納得したらしく、床《ゆか》の上で横腹を見せて長く伸《の》びていた。

「大辞林によれば、それは『きわめて忙しいさまのたとえ』だそうです。でも、めちゃめちゃ忙しいときに猫の方々に手伝わせたら、かえって大混乱になりませんか？」

「……」

「……」

先生方は答えない。長々と、伸《の》びに伸びて横たわっている。その姿を見ていると、聞いたぼくが悪かったと思えてくる。

言葉が通じなくても一緒にいるのがうれしい

クロスケ先生とチャシロ先生がくつろいで床に伸びているのを見ると、なんだかぼくも眠《ねむ》くなってきて、昼寝《ひるね》しちゃおうとふたりの間に横になる。右にクロスケ先生。左にチャシロ先生。手を伸ばせば先生たちの体にふれられる。

チャシロ先生は、寝ているときにさわられるのがあまり好きじゃないみたいだから、ちょっとなでたら手を離《はな》す。クロスケ先生の頭のそばに手を置くと、先生は甘《あま》えるように手に頭をこすりつけ、そのままぼくの手のひらに頭をのせて眠る。その安心しきった寝顔が

一緒にいることがお互いにうれしい

いとおしい。この時間が、ほんとうに至福《しふく》だ。

考えてみると不思議だよね。考え方も、生き方もちがう。何よりも言葉を用いてコミュニケートできない。一緒に暮らすうちにお互《たが》いの考えが大体わかるようになるけれど、実際はどんな気持ちなのかは正確にはわからない。なのに、こうして一緒にいるのがうれしい。ぼくだけじゃなくて、先生たちもうれしく感じているのが伝わってくる。

前のほうで、動物たちは本来人間にとって「わからない」存在であり、つまり自分にはないものを持つ「他者」であると書いた。すぐにわかった気にならないで、「わからない」という余地を残したまま相手を受けとめることが大切だとも。

ただ、それでも忘れてはいけないのは、有限の命を与《あた》えられて生きる「生きもの」という意味では、猫先生たち動物も人間も一緒なんだということ。**わけもわからず気がついたらこの世に生まれていて、生まれたからには必死に生きようとする、そして生きるなら快適にしあわせに生きたいと願う。その気持ちに、動物も人間も変わりはない。**

言葉が通じないことは、だから、動物と人間が交流するときの決定的な妨《さまた》げにはならないのである。哺乳類同士なら、体がふれあったときのお互いの温もりで通じ合うこともできる。イルカやクジラやウミガメといった水中生物とは温もりを交換《こうかん》することはできなさそうだけど、スキューバダイビングしているときにたまたま遭遇《そうぐう》して一緒に泳ぐ時間は最高にうれしいだろう（イルカやクジラやウミガメのほうはうれしいかどうかわからないけど、ダイバーにとっては特別の時間のはずだ）。言葉が通じなくても一緒にいるのがうれしいと思うことは、じつはふつうのことではないだろうか。

大切なのは、**「命として同じ」という感覚を心に持って、意識を人間以外の外側にもいつも開いておくこと**なのだと思う。自分とはちがう存在と仲良くなれたとき、たぶんぼくらは大きな喜びを感じるはずだ。それは、ほかの土地からやってきた転校生とか、外国から日本にきて暮らす人々とやりとりする場合にもいえる。

夜更《よふ》かししてこれを書いていると、クロスケ先生がやってきてぼくを見上げる。「一緒に寝ないの？」とでもいうようにまん丸く目を見開いて。それからスッと寝室のほうに向かう。昼寝のときも、夜の就寝《しゅうしん》のときも、先生はわざわざ呼びにくるのだ。

第4章

ぼくや君の知らない世界

被曝した牛を生かす牧場

二〇一一年に、東北から関東地方まで甚大《じんだい》な被害《ひがい》を及《およ》ぼした東日本大《ひがしにほんだい》震災《しんさい》が発生した。現在、中学生や高校生なら記憶《きおく》にない人がほとんどかもしれないが、ぼくら大人にとっては人生観が変わるほどの強烈《きょうれつ》な出来事だった。地震《じしん》と津波《つなみ》の被害自体がすさまじいものだったけれど、その影響《えいきょう》から全電源を失った福島第一原子力発《げんしりょく》電所では、原子炉《げんしろ》が冷却《れいきゃく》できなくなり炉心《ろしん》溶融《ようゆう》（メルトダウン）を起こし、そのとき発生した水素《すいそ》ガスによって建屋《たてや》が爆発《ばくはつ》。膨《ぼう》大《だい》な量の放射性物質《ほうしゃせいぶっしつ》が風に乗って広範囲《こうはんい》に降りそそぐという最悪の事態にまで発展した。

事故が起きた原発の周囲で暮らしていた大勢の人々は緊急避難《きんきゅうひなん》を余儀《よぎ》なくされたが、あろうことか、「ペット」や「家畜《かちく》」といった、人間が世話をしてきた動物たちはほとんどが置き去りにされてしまった。犬や猫《ねこ》の飼い主はすぐに家にもどれると思っていたし、「ペット」同伴《どうはん》で避難するという考え方はこのころにはなかった。また、牛や豚《ぶた》や鶏《にわとり》など、飼育していたたくさんの「家畜」を連れて避難することは不可能だった。

そこから長い間、残された動物たちは餌《えさ》も水ももらえず、生死の境をさ迷う日々がつづいた。ある牛舎《ぎゅうしゃ》では、食べ物も水もないため、木の柱の根元をえぐれるほどかじり続けて息絶えた牛もいた。その苦しみを想像できるだろうか……？　残された犬や猫たちも、飢《う》えと渇《かわ》きに苦しんだ。人々が避難していなくなった町には、想像をこえるほどの悲惨極《ひさんきわ》まりない状況《じょうきょう》が生まれていた。

放射性物質に被曝《ひばく》した「家畜」たちは、すべて殺処分《さつしょぶん》されることになった。生かしておくには費用がかかりすぎるし、第一、売り物にならないから生かしておく意味がない。放射性物質による汚染《おせん》地帯になってしまった場所に防護服《ぼうごふく》を着て入って給餌《きゅうじ》を続けるのも困難だし、そこまでの苦労をすることにもやはり「意味がない」。

ここで浮《う》き彫《ぼ》りになったのは、**牛や豚や鶏といった「家畜」の命は、食べ物として人間の口に入るか、お金にならなければただの不要な命だとぼくらの社会が考えている**ということだ。そうやって、福島第一原発《げんぱつ》の半径二〇キロ圏内《けんない》にいた約三万頭の豚や約四四万羽の鶏は、餓死《がし》したもの以外は殺処分されたという。約三五〇〇頭いた牛に関しても、多くが餓死、牛舎から解き放たれて野良牛《のらうし》となり、ようやく生き残った牛たちも、結局は捕獲《ほかく》されて殺処分された。ただ、死なせることを拒《こば》んだ一部の畜産《ちくさん》農家の人々により、飼育が続けられた牛たちもいた（針谷勉《はりがやつとむ》『原発一揆《いっき》——警戒区域《けいかいくいき》で闘《たたか》い続ける〝ベコ屋〟の記録』〈サイゾー〉より）。

福島第一原発に近い、福島県双葉《ふたば》郡浪江《なみえ》町にある「希望の牧場」は、飼育継続《けいぞく》を選んだ畜産農家のなかでも群を抜《ぬ》いて牛の数が多かった。震災時には三三〇〇頭の牛がいて、さらに保護した牛も加わり、一時は約四〇〇〇頭もの牛がいたらしい。

牧場主の吉澤正巳《よしざわまさみ》さんは、震災前はそこで和牛の繁殖《はんしょく》と肥育《ひいく》を行っていた。つまり、いつかは肉のために殺される牛を世話していたのだが、被曝して売り物にならなくなったから殺して処分すればいいという考え方は到底《とうてい》受け入れられなかった。目には見えない放射性物質に自らが被曝するのも覚悟《かくご》のうえで避難場所から通い、発電機を回して餌と水を与《あた》え続けた。ついには牧場内の姉の家にひとりで寝泊《ねと》まりして続けるようになった。

ぼくが吉澤さんをユニークで信頼できる人物だなと思うのは、「牛たちと運命をともにする」と勇壮《ゆうそう》に決意して実行する一方で、自分の行為《こうい》にともなう経済的な「意味のなさ」にも気づいていて、なんのためにやっているのかと自問を繰《く》り返《かえ》していることだった。

ぼくがこの牧場を訪ねたのは、震災から三年後の二〇一四年だった。きっかけは、宍戸《ししど》大裕《だいすけ》監督のドキュメンタリー映画『犬と猫と人間と2　動物たちの大震災』を観《み》たことだった。震災で飼い主を失った動物たちをレスキューする人々を描いたこの映画の中で「希望の牧場」のことも紹介《しょうかい》されていたのだが、そこでぼくは、牛や豚や鶏といった「家畜」は「経済動物」と呼ばれていると知り、ショックを受けた。なぜ、命に対して「経済」という言葉がくっついているのか。なぜ、命とは相容《あいい》れないそんな言葉をくっつけて人々は平気なのか。その冷たさに愕然《がくぜん》としたのだった。

それはつまり、動物たちの命を人間のための「資源」としか考えていないことの表れではないのか。だけど、どうもぼくらの人間社会では、それが「常識」になっているらしい。あなたもぼくも肉や卵を食べる、牛乳を飲む。そのために「家畜」は存在するのだし、お金をかけて大量に飼育する。だから、被曝によって肉や卵や乳を市場にだせず、お金にも換《か》えられないなら、それらの「家畜」の命は「いらない命」となる。いらないなら処分して当然でしょ？　という「常識」。

ぜひ考えてほしい。それってホントにあたりまえのこと？　それをあたりまえとするような社会を、あなたは肯定《こうてい》する？

そんな「常識」に真っ向から抵抗《ていこう》する「希望の牧場」に、ぼくは「命の現場」があると思った。とにかく行かなければならないと。そして、そのときの経験をもとにして『聖地Cs』（新潮社）という小説を書いた（電子版や図書館なら今も読むことができる）。関心があるなら読んでみてほしいし、「希望の牧場」で検索《けんさく》すればたくさん記事がでてくる。世話をする人手も費用も足りない中で行う牛の飼育方法に関して批判的なコメントを見かける場合もあるかもしれないが、震災から十三年たち、世間の関心が離《はな》れていっても、吉澤さんは今もぶれずにほぼ一人で続けている。ほんとうにもう、残りの人生を被曝した牛たちの世話に費やすと決めたのだろう。

人間のために品種改良を重ねて生みだされた「家畜」の命は、人間社会の中では、ただ生きるために存在することが許されないらしい。だけど、「命はただ命として尊重されるべきではないのか、命を区別してよいのか」という本質的な問いを、吉澤さんの行動はほくらに突《つ》きつけてくる。

「家畜」の命を経済効率を基準として見ることの何が問題なの？　と思う人もいるかもしれない。その疑問に対して、二つのことがいえると思う。**一つめの問題は、経済効率が優先されるため、「家畜」の苦しみが後回しにされてしまうこと**である（これについては後の章でふれます）。

そして**もう一つの問題は、「家畜」の命を経済効率を基準に見ることに慣れてしまうと、その目はいつしか人間の命にも向けられるようになってしまうこと**だ。経済的に役に立つかどうかで見た場合、病気や障がいのある人や、歳《とし》をとったりして働けない人の命はどう見えてしまうだろうか。その中に自分あるいは家族といった大切な人が入るかもしれないのに、いらないから片付けてしまえという考え方が「常識」になったら、ものすごく恐《おそ》ろしいことになってしまう。

「だけど、先生方」

夜、ベランダに出て外を見ているクロスケ先生とチャシロ先生の後ろ姿に問いかけてみる。

「そんなふうに、経済効率で命を管理する視点は、もうぼくらの人間社会に浸透《しんとう》しているんじゃないですかね。学校にも、職場にも、街にも、家庭にも、あらゆるところに」

ピクリと先生たちは首を起こし、アパートの前のほうに注意を向けた。何かが聞こえたようだった。するとすぐに、配送業者の体格のいい若者が、隣《となり》のアパートに配達するためにダッダッダッダッと駆《か》けてきた。クロスケ先生もチャシロ先生も大慌《おおあわ》てで部屋の中に戻《もど》っていく。

ベランダに取り残されたぼくは、シンとした気持ちで考えをつづけた。

——ただ生きているだけじゃ祝福されず、すべてが役に立つか・立たないかで測《はか》られる社会。今のぼくらがどこかで生きづらさを感じているなら、原因はそこにあるんじゃないのか……?

河川敷で暮らすおっちゃんと猫

自分が暮らしている足元に、まったく思いもよらない光景が広がっていることがある。たとえば、東京都と神奈川県の県境を流れる多摩川《たまがわ》の川べりに、廃材《はいざい》で小屋を自作して暮らす人々がいることをご存じだろうか。楽しみのためではなく、やむをえずそうせざるをえなかったのである。ケガをしたり歳をとったり、人とのコミュニケーションがうまくできずに仕事を失ったとか、経営していた会社が倒産《とうさん》して無一物《むいちぶつ》になったというような、それぞれの事情をその人たちは抱《かか》えている。世間《せけん》では（新聞も含《ふく》めて）その人たちのことを「ホームレス」と簡単に呼ぶ。だけど、「ホームレス」というのは「家がない」状態のことをさすのだから、ほんとうは「ホームレス状態の人」または「ホームレスの人」と、きちんと「人」をつけて言わなければならない。ぼく自身は、「そこにいるのは人間なんだよ」という気持ちがあるから、ここではすでにマイナスのイメージがついた印象のある「ホームレス」という言葉を使わない。

多摩川の川べりは晴れた日など、緑豊かな光景が広がり、住んだら気持ちいいかもと思う。だけど、住人たちが小屋を建てている場所は「河川敷《かせんじき》」で、河川敷とはつまり、川が増水したときには川底になってしまうところだ。

台風や大雨になれば川水《かわみず》は当然増水するが、危険なのはそれだけではない。上流のダムが雨水《あまみず》で満杯《まんぱい》になりかけると、決壊《けっかい》するのを防ぐために放水《ほうすい》が行われる。その放水でさらに倍増した川水が、多摩川の中流域や下流域に暮らす人たちのところに一気に押《お》し寄《よ》せてくるのである。川の水がまだ小屋まで達していないからと避難を遅《おく》らせていると、小屋ごと押し流されてしまう場合もあるだろう。実際に、台風や大雨による増水で、住人が流されてしまうことがある。だから、住人にとっては天気予報が命綱《いのちづな》だ。降水量がどれくらいかで、土手に避難するかどうかを決めている。

そういう過酷《かこく》さと背中合わせのところで暮らす人たちの中には、猫を世話している人が結構いるんだ。なぜ猫を飼っているのかといえば、河川敷に猫を捨てる心ない人がいるからだ。聞いた話だが、ひどい場合は、クリアボックスの中に子猫を入れて、蓋《ふた》にガムテープを貼《は》って捨てていたこともあったそうだ。窒息《ちっそく》して死んでしまうじゃないか。ほんとうにありえない。許せないと思う。

河川敷の住人はおじさんやおじいさんが多い。親しみをこめて「おっちゃん」と書くけれど、おっちゃんたちは、捨てられた猫をかわいそうに思って世話をする。彼らは、仕事があったりなかったりする日雇《ひやと》いの仕事とか、空《あ》き缶《かん》をせっせと大量に集めてそれをお金に換《か》えるとか、そうやってなんとか暮らすような生活なのに、自分の生活費を削《けず》ってでも猫のフードを買って面倒《めんどう》を見ている。

でも、おそらくおっちゃんたちは「猫を世話してやっている」とは思っていないはずだ。自分を慕《した》ってくれる猫がいることで、生きる元気をもらっていると感じているのではないだろうか。お互《たが》いに支え合っているのだと思う。

過酷で孤独《こどく》な河川敷での暮らしの中で、心を通わせることのできる生きものがそばにいる。自分の命と猫の命。人間と動物とを区別する強固《きょうこ》な壁《かべ》がいつしかぼんやりしたものとなり、命と命がともに寄《よ》り添《そ》っているという温かな感覚を得るのだろうと想像する。それはどれほど慰《なぐさ》めになることだろう。もしぼくらが大自然の中で孤独に暮らすとすれば、おっちゃんたちのように、動物と自分の近さを感じるようになるはずだ。もっといえば、動物たちと自分はつながっているという感覚になるのかもしれない。

そんな河川敷のおっちゃんの日常とはどんなものか。ぼくはおっちゃんの一人に話を聞かせてもらい、『野良ビトたちの燃え上がる肖像《しょうぞう》』（新潮社）という小説を書いた。お話を聞かせてくれたYさんというおっちゃんは、すごいんだよ。買ってきたソーラーパネルと古い車のバッテリーを使って、電気を自前で調達していたんだ。食べられる野草の知識もあるし、アユの引っかけ釣《づ》りをやったりもする。そのYさんも、街の人たちの邪魔《じゃま》をしないようにまだ暗い早朝から自転車で空き缶を集めて生活費を稼《かせ》ぎ、やはり猫と暮らしていた。

はじめてYさんに会ったとき、Yさんは自分の小屋の前で椅子《いす》に座って、廃棄《はいき》された家

色んな材料を再利用したおっちゃんたちの小屋

電製品のアダプターから銅線を抜《ぬ》き取《と》っていた（銅もお金になるらしい）。ぼくが「お話を聞かせていただけますか？」と恐《おそ》る恐る聞くと、Yさんは黙《だま》ったまま「どうぞ」というふうに隣に置いてあった椅子を手で示した。ぼくは驚《おどろ》いたんだ。小屋はあるとはいえ、世間的には野宿者とか路上生活者であるその人が、まさかそんなふうに洗練《せんれん》された仕草で椅子をすすめるなんて、と。

ぼくの中にまだ偏見《へんけん》があったんだね。河川敷の住人たちや、路上で暮らす人たちは、考え方も、感じ方も、ぼくらのように街の家で暮らす人と何も変わりがないんだ。むしろ、自分がつらい経験をしている分、ほかの人や生きものにやさしかったりする。なのに、ぼくが最初に持っていたような大人の偏見を吸収した子どもたちが、石を投げたりロケット花火を打《う》ち込《こ》んだりして攻撃《こうげき》することがある。多摩川ではないけれど、ほかの公園で寝泊《ねと》まりしていた人の中には、子どもたちの攻撃を受けて火傷《やけど》を負ったり、殺されてしまった人たちもいる。やさしい人が殺されてしまう社会……。そして、攻撃した子どもたち自身が、家庭の中に安心できる居場所がなかったということが指摘《してき》されている。

ぼくらがいつのまにか動物たちを見下す視線を身につけてしまうように、**自分たちとちょっとちがう人間に対しても、その人の実際の姿に基づかない噂《うわさ》を信じて偏見を持ってしまうことが多い。「怖《こわ》い」とか「危険」とか、**そして、その偏見を、相手を攻撃する根拠《こんきょ》として正当化《せいとうか》してしまう。

動物と人間を区別する。人間と人間を区別する。ぼくは、**あらゆる差別の根には、命として同じであるはずのものを、価値が上か・下かで分けて考える「区別」が最初にあるのではないか**と思っている。動物や人間の命のことを考えだすと、やがてそのような「区別」「差別」の問題が目の前に現れてくるんだ。

夜、歯を磨《みが》いて、さぁ寝ようかと寝室《しんしつ》に入ると、チャシロ先生がぼくの布団《ふとん》のうえで先にくつろいで寝ていることが多くなった。以前はそんなことはなかったから、ずいぶん家猫のようになってきたなぁと笑ってしまう。

チャシロ先生も、河川敷の猫たちのように、ずっと外で暮らす年月が長かった。自由気まま暮らしのようで、ご飯にありつけないこともある。夏場は蚊《か》に刺《さ》されるし、冬は自分の体温だけで寒さをしのがなければならない。意地悪な人に追い立てられることもある。チャシロ先生が家に入っても長い間不安に駆《か》られていたのは、そうした外暮らしの不安の記憶が抜けなかったせいだろう。

河川敷では猫たちの生活はさらに過酷だ。誰《だれ》かにご飯をもらえるのは幸運だった猫だけで、大多数は飢えと病で死んでしまう。猫は狩《か》りができるから生きていけるというのは誤解だ。河川敷には生きのびられるほど小動物はいないし、狩りがいつも成功するわけではない。それに、人間の出入りが多い分、危険も多くなる。散歩させている犬のリードをわざと放して猫を襲《おそ》わせる人もいるという。咬《か》まれて命を落とした猫もいる。毒入りのご飯をわざと置く人もいる。刃物《はもの》で切りつけられたり、金属の棒か何かで殴打《おうだ》されて殺された猫もいると、多摩川全域の猫たちのケアを長年続けてきた写真家・小西修《こにしおさむ》さんが教えてくれた。

猫が悪さをしたわけではない。猫は悪くない。たまたま多摩川沿いで生まれた、または多摩川に捨てられたというだけで、憎《にく》しみや差別の目を向けられ、ストレスを発散する道具にされるのである。

村上浩康《むらかみひろやす》監督のドキュメンタリー映画『たまねこ、たまびと』は、「偉人《いじん》」と呼びたくなるほどに徹底《てってい》して猫に寄り添う小西夫妻や心優しいボランティアの人たちの活動を伝えながら、一方では信じられない悪意が流れこむ多摩川の厳しい現実をも映しだす。その悪意の持ち主は、ごくふつうの人として街で暮らしている。人間ってなんだろうと思わせられる。

仰《あお》向《む》けになったチャシロ先生のたっぷりしたお腹をさすりながら、「先生、ここでは安心していいんだよ」と思う。ほんとに、大丈夫《だいじょうぶ》だよ。

第5章

利用される動物たち

殺されるために生まれる命

前章で、「『家畜《かちく》』の命を経済効率を基準として見ることの何が問題なの?」という問いに対し、二つある問題の一つに「経済効率が優先されるため、『家畜』の苦しみが後回しにされてしまうこと」と書いた。

この章では、動物たちのうち、人間のために利用することに特化された「家畜」について考えてみたい。なぜずっと「」付きで「家畜」と書いているかというと、その動物たちにとっては人間によって勝手に「家畜」とされただけで、自ら望んで「家畜」になったわけではないと思うからだ（犬と猫はちょっと事情がちがうかもしれないけど)。

「家畜」とは大辞林《だいじりん》によれば「人間が生活に役立てるために飼育する動物。牛・馬・鶏《にわとり》・羊・豚《ぶた》・犬など」とある。アヒルや七面鳥《しちめんちょう》も「家畜」に入るだろう。大きな意味では猫やインコやハムスターなどのかわいがるために飼育する「愛玩《あいがん》動物」も「家畜」に入るはずだけど、それらの動物たちは一般的《いっぱんてき》に「ペット」と呼んで「家畜」とは区別している印象がある。

ここでは一応それにならって、肉や卵や牛乳、または皮や羽毛《うもう》などを得るために飼育されたり、重労働させられたり、人々の娯楽《ごらく》のために競争させられたりする動物のことを「家畜」と呼ぶ。そして、その中でも、ぼくらのふだんの食事に肉や卵や乳製品としていつも登場する牛や豚や鶏について、どんなふうに扱《あつか》われているか、いくつか紹介《しょうかい》したい。

大量の肉や卵や牛乳を効率的に得るために、**徹底《てってい》した管理状態に置かれた「家畜」たちの命は、もはや工業製品と同じものとなる。その管理には「家畜」がいかに幸福を感じられるかは考慮《こうりょ》されていない。**どれほどの苦痛や不自由を感じていても、死ななければよい、もしくはある程度死ぬことさえあらかじめ計算に入れた飼育環境《かんきょう》が維持《いじ》される。しかも、工場や畜舎《ちくしゃ》で生まれた「家畜」は、絶対に逃げだすことができない状態で飼育され、やがて時期が来ると屠畜《とちく》されて肉となる。つまり「家畜」とは、殺されるために生まれてくる運命を人間によって義務づけられた存在なのだ。

「あれ？　チャシロ先生、どうしましたか。クロスケ先生も」

チャシロ先生が、ぼくと目を合わせるなりハッとした表情になって、ソソソと姿勢を低くして逃《に》げていった。いつも泰然《たいぜん》とした雰囲気《ふんいき》のクロスケ先生も、目を丸くしてぼくのほうを見ている。「家畜」のことを考えているうちに、知らず知らず恐《こわ》い顔になっていたようだ。ごめんごめん。

猫と考える楽しいはずの動物の話が、ちょっと前からなんだか深刻で恐い感じになってきた。じつはそうなんです。そうならざるをえないというか。ぼくが尊敬する批評家《ひひょうか》・野宿者支援《しえん》活動家である生田武志《いくたたけし》さんも『いのちへの礼儀《れいぎ》――国家・資本《しほん》・家族の変容と動物たち』（筑摩書房）という本の中で、現代の「家畜」の扱われ方について知ることは「現代社会で他に匹敵《ひってき》するものを探すことが難しいような『地獄巡《じごくめぐ》り』となるはず」と書いていた。

その「地獄巡り」とはどんなものか、のぞいてみよう。

見えない場所で動物たちに何が行われているのか

ぼくらがふだん食べている肉や卵や牛乳は、どのように作られているのか。「そういえばよく知らない」と思う人も多いと思う。当然かもしれない。農業や漁業の現場もそうだけど、畜産《ちくさん》や養鶏《ようけい》や酪農《らくのう》の現場もまた、今では一般の人々には遠い世界となっているから。現代は、ものを買う消費の場と、ものを作る生産の場が明確に分け隔《わへだ》てられてしまった。そういう見えない場所になったところで、動物たちに何が行われているのだろうか。

以下、前項《ぜんこう》でふれた生田武志さんの『いのちへの礼儀』の記述から、生田さんの許可を得て、その一端《いったん》を紹介する。ただし、これより先、動物の命への人間の仕打ちについて、知るのがつらい事実がいくつも書いてある。知ってほしい事実ではあるけれど、つらい気持ちになったなら、無理はしないでとばして下さい。

●牛の場合（痛みに失神する／乳のために妊娠《にんしん》させられる）

まずは肉牛から。本来、穀類《こくるい》は食べない牛に対し、効率的に成長を促《うなが》すために穀類であるトウモロコシが与《あた》えられている。その弊害《へいがい》として第一胃《だいいちい》（牛には胃が四つある）にガスが溜《た》まる鼓脹症《こちょうしょう》となり、「食道に管《くだ》を突《つ》っ込《こ》んでガス抜《ぬ》きをしなければ牛の肺は圧迫《あっぱく》され呼吸困難に陥《おちい》ります」。また、酸毒症《さんどくしょう》（アシドーシス）になり、肝機能障害《かんきのうしょうがい》を起こしてしまう。

さらに、飼育者がケガをしないように角《つの》を切断する「断角《だんかく》」あるいは角を根元から焼き切る「除角《じょかく》」が行われているのだが、神経と血管が通っている角の断角・除角を麻酔《ますい》なしで行うことが多いのだと。あまりの苦痛で失神する牛もいるという。もし自分が麻酔なしで歯を切断あるいは根元から焼き切られたら？　と想像したら、その処置のむごさがわかるのではないだろうか。そして、牛の寿命《じゅみょう》は二十年はあるのに、長くても二年半（つまり二歳半）で出荷され屠畜される。

乳牛は、ぼくは一年中自然に乳をだすものだと思っていたけれど、全然ちがった。たしかに乳牛のほとんどであるホルスタイン種は乳量が多くなるように品種改良されてはいるけれど、人間の母親と同じように、子どもを産んで、子どもを育てるために乳をだすのだった。だが、子牛は初乳《しょにゅう》だけもらえるが、あとは引き離《はな》され、残りの乳は人間が飲むためにすべて取られてしまう。十か月ほど乳をださせたら、また妊娠させて乳をださせるために次の人工授精《じんこうじゅせい》を行う。生まれた子牛は引き離す。母牛にとっても子牛にとっても引き離されるのは苦痛なはずだが、そんなことはおかまいなしにそれを繰《く》り返《かえ》す。

しかも、日本では、乳量と乳に含まれる脂肪分《しぼうぶん》を高めるためとして、牛舎に閉じ込めて飼育する酪農家がほとんどだという。「乳牛の多くは、一頭ずつ区切られたコンクリートの上で、つながれたまま寝起きします」。そうして乳をださせ続けて、六〜七歳《さい》くらいで乳量や乳質が低下したら食用に回され、屠畜される。

●豚の場合（一生を檻《おり》の中で過ごす／麻酔なしで去勢《きょせい》）

豚の場合も、母豚は子豚が離乳して数日したら、もう次のお産をさせるために交配させる。「一般に母豚は平均して一年に二〜三回、生涯《しょうがい》で八〜一〇回ほど出産し、その後は食用にされます」。この繁殖《はんしょく》用のメスの豚は、体の向きを変えられないように狭《せま》く作られた檻（ストール）に入れられ、「一生のほとんどの時間をこの檻の中で過ごします」。

繁殖用のメスの豚でなくても、放牧養豚《ようとん》以外の多くの豚たちは身動きができないほどのスペースで過密飼育され、「屠殺されるまでの一生を豚舎《とんしゃ》のなかで過ごしています」。もちろんそれは生きものとして自由に生きたい豚にはひどいストレスだ。そして、やはりトウ

一生をこんな狭い檻で過ごさなければならない

モロコシ入りの濃厚飼料《のうこうしりょう》の影響もあって、「多かれ少なかれ胃潰瘍《いかいよう》を患《わずら》っているとされています」。

産まれた子豚は、母豚の乳房《にゅうぼう》や兄弟の子豚を傷つけないよう、麻酔なしでニッパーや電動ヤスリで犬歯を切除される。また、オスの子豚は肉の「雄臭《おすしゅう》」を防ぐために生後三日目くらいにカミソリを用いて去勢（物理的に睾丸《こうがん》を除去）されるのだが、日本では「ほとんどの養豚業者が麻酔無しの去勢を行なっています」。この処置のために腹膜炎《ふくまくえん》を起こして死亡する子豚もいる。

●鶏の場合（ゴミ同然のオスのヒヨコ／ギュウギュウ詰《づ》めの飼育）

鶏の話に行く前に、ちょっと一呼吸入れましょうか。

ふう……。

牛に対する麻酔なしの「断角」「除角」もそうだけど、どうしてこうも牛たちや豚たち自身の痛みや苦しみを無視した飼育ができるのだろう？　しかも、とくに日本の畜産業では、それが「ふつう」だとされている。鶏となると、地獄度がさらに増すのだった。

鶏には産卵鶏《さんらんけい》と肉用鶏《にくようけい》がある。まず産卵鶏は、卵がほしいのだから、オスの雛《ひな》（ヒヨコ）には用がない。「オスの雛は、ビニール袋《ぶくろ》にいれて圧死《あっし》・窒息死《ちっそくし》、あるいはシュレッダー状の機械で生きたまま処分されます」（信じられないが、あどけないヒヨコたちがシュレッダーにかけられる映像をぼくは見た）。生かされるメスのヒヨコも「つつき合いによるけがや過食の防止のため、嘴《くちばし》の一部を切り取るデビーク（断嘴《だんし》）が行なわれます」。嘴には神経が集まっているから当然激痛がある。だけどやはり、ここでも麻酔なしである。「デビークされたヒヨコは痛みでしばらく食欲を失います」。

こんなことが行われていたなんて、知ってましたか？

それから鶏たちは一般的に、羽ばたきもできない狭いケージ（鳥かご）に詰《つ》め込《こ》まれ、ただただ卵を産ませられる。卵の殻《から》を作るために体内のカルシウムを使うため、「若くして重度の骨粗鬆症《こつそしょうしょう》になっていきます」。卵の質や産卵率が低下した鶏には、それらを回復させる方法として、二週間ほど餌《えさ》も水も与えずわざと栄養不足にして「新しい羽に強制的に抜け変わらせる」という残酷《ざんこく》な「強制換羽《きょうせいかんう》」をする場合もある（日本の養鶏業者の六割以上が行っているという）。

肉用鶏は、地鶏《じどり》をのぞいてほとんどが、大量生産される肉用若鶏《わかどり》としてのブロイラーである。「エサが少なくても速く成長する品種」として徹底的に改良されたため「このあまりに急激な体の成長についていけません。不自然に大きくなった胸が肢《あし》にねじれの力をかけ、歩行困難、脚《あし》の断裂《だんれつ》、肢のねじれ症《しょう》を起こすのです」。

ブロイラーの鶏たちは、鶏舎《けいしゃ》の中で密集した状態で飼われているため、外の景色を見たり空気を吸ったりもできない。歩くこともできない超肥満体《ちょうひまんたい》で赤ちゃん同然の若さで出荷され、逆さに吊《つ》るされ首を切られる。産卵鶏もそうだが、ブロイラーの鶏たちも人工孵化《じんこうふか》で生まれるため、親の姿も、親子の愛ある触《ふ》れ合《あ》いも知らない。そして、鶏としての寿命は十年以上あるのに、生まれて二か月もたたずに短い一生を終える。

どうでしたか……？　**これらの仕組みは、とにかく肉や乳や卵を「速く」「たくさん」「効率的」に得るために、牛や豚や鶏の生きる幸せは一切考慮していないように思える。**

●命は工業製品なのか

ここでは「家畜」の命は、まるでオートメーションで「速く」「たくさん」「効率的」に製造・組立する工業製品のような扱われ方だ。大規模に飼育するほどその傾向《けいこう》は強くなるだろう（一方で、このように動物たちに負担を強いる飼育方法をとらない畜産家や酪農家や養鶏家も少数だがいることも知っている）。

ぼくらが手頃《てごろ》な値段で肉や卵や乳製品を買い、それらを使った料理を楽しむことができるのは、そうした大規模飼育で「速く」「たくさん」「効率的」に作る仕組みのおかげである。ぼくたちのおいしくて楽しい食生活。だけど、食事を楽しむみんなの笑顔の下で、見えないところで苦しんでいる動物たちがいることをどう考えたらいいだろう。

家族や親戚《しんせき》のだれかが畜産家や酪農家や養鶏家だという読者の方は、ここまで読んで気分を害したかもしれない。人々の食生活を支えるために一年中「家畜」の世話をしてがんばっているのに、と反発をおぼえたかも。

断っておきたいのは、畜産や酪農や養鶏に従事する方々を非難したいわけではないということだ。実際に牛や豚や鶏の世話にあたる人々は、お店で肉や卵や牛乳を買うだけのぼくのような消費者よりも、正面から動物たちの命の姿に日々向き合っているのだと思う。ただ、その献身《けんしん》と、動物たちの悲惨《ひさん》な状況《じょうきょう》をどうするかという問題は、分けて考えるべきではないだろうか。人間のように言葉で抗議《こうぎ》できない動物たち、その命を、ここまで好き勝手に操る仕組みは、同じ生きものとして容認していいのだろうか？　それとも、見なかったことにする？

「もしも先生方が、『家畜』たちと同じように扱われたら」

エアコンが効いた部屋で、スヤスヤと寝《ね》いる先生たちを見つめながら、そうつぶやいてみる。

顔を押《お》さえつけられて牙《きば》を麻酔なしで切断され、ほかの猫と一緒《いっしょ》に狭すぎるスペースに押し込められ、毛もすいてもらえず、名前もないただの猫として扱われて……。ちょっと想像しただけで泣きそうになる。そんなこと絶対に許せない。

だったらなぜ、「家畜」とされた動物たちには、平気で「そんなこと」が許されてるんだろう？

肉を食べる資格？

猫や犬や小動物のかわいさをSNSなどで伝えることは、とても歓迎《かんげい》される。でも、このように「家畜」＝「食べ物」と指定された動物たちの置かれた厳しい現実を伝えると、大抵《たいてい》の人は沈黙《ちんもく》したまま去っていくように思う。または、嘲笑《ちょうしょう》や冷笑《れいしょう》を向けてまともに取り合わない。

なぜそうなるんだろう。**おそらく「家畜」の現実は、ぼくら人間にとって触《ふ》れたくないタブーだから。**「家畜」のことに意識を向けてしまうと、肉や卵や乳製品を使った料理が食べづらくなってしまう。なぜ自分の食生活を邪魔《じゃま》されなきゃいけないんだ、そんな権利はだれにもないと思う人もいるかもしれない（SNSでそんなふうに書く人を見たことがある）。

あるいは、食べるということはほかの命を奪《うば》うことであり、その事実を受け入れないで「家畜」の救済《きゅうさい》を訴《うった》えるなんて、生きることの厳しさを受けとめない甘《あま》ちゃんの考えだ、という人もいるだろう。

もしくは、「家畜」がそんな状態にあることを望んだわけではないと思いつつ、すでに強固に築かれた構造の前でどうすればいいかわからないという人や、焼肉屋を経営する家で育ったり、食生活の中心に肉がある文化の中で育った人は、自分が慣れ親しんだ環境や文化を否定することはできないと困惑《こんわく》して沈黙せざるをえない場合もあるだろう。「だれにも食生活を邪魔する権利はない」や「食べるということはほかの命を奪うこと」に関していえば、その主張はどちらも正しいとぼくも思うけれど、かといって納得もしきれないのは、ただ単に自分を変えたくない気持ちが先にあるだけのようにも思えるから。「自分の人間としての既得権益《きとくけんえき》(すでに獲得《かくとく》している権利と利益)は一ミリだって減らされたくない」というような。ともかく、そうやって動物たちの苦しみはまた置き去りにされてしまう。

後者の「食べるということはほかの命を奪うこと」に関していえば、まったくその通りだけど、狩猟《しゅりょう》で暮らしているわけでもない、ぼくをふくめた大多数の人たちが、一体どれだけ「命を奪うこと」に責任を負っているといえるのだろう。手間暇《てまひま》のかかる飼育もせず、生きものの命を奪うというストレスの多い作業に関わることもなく、すべてだれかが見えないところで処理した肉をただお金を払《はら》って買うだけで「食べるということはほかの命を奪うこと」などともっともらしくスラスラ言っていいのだろうか。実際は狩猟も飼育も屠畜も一般の人の日常から遠ざけられているとはいえ、それって、相手の「命を奪うこと」に対し、あまりにも軽々しくないだろうか？

そう偉《えら》そうに言うぼくも、まだ肉や卵を食べているのだが、消極的《しょうきょくてき》に食べるという感じだ。食べるなら、もちろんしっかり味わって食べる。残さない。でも自分からは焼肉屋には行かないし、唐揚《からあ》げもほとんど買わなくなった。牛乳も飲まない。でも、外食の料理や惣菜《そうざい》やレトルト食品にはほぼすべてに肉や骨のエキスや乳製品が使われていて、完全に避《さ》けることはできないし、それらが入っていないと物足りないと思うのも正直な気持ち。大豆製品を多く使う和食以外は、食べることにいつもうっすらうしろめたさがつきまとって、窮屈《きゅうくつ》ではある。でもぼくとしては、せめて引き受けるべき窮屈さだと納得している（ほかの人に強要はしないとしても）。

「クロスケ先生、教えていただきたいんですが」

箱の中でくつろいで横になっているクロスケ先生の前で、ぼくは正座してまじめな面持《おもも》ちで答えを乞《こ》うた。

「猫を小説に書いても、ぼくが人気がないのは、こうやって動物たちの厳しい現実のことまで書くからでしょうか……?」

ぼくには結構深刻な質問である。クロスケ先生はふと顔を上げてぼくを見た。斜《なな》めにじっと見上げている。息をひそめて答えを待った。

「……」

先生はプイと目をそらし、ゴソゴソと音をさせて箱の中で丸くなった。そして大きく息を吐《は》く。「わかってるでしょ」と言うかのように。

動物から奪わないことを選んだ人たち

肉や卵や乳製品などを使った動物性食品を食べる/食べないのはざまで揺《ゆ》れている中途《ちゅうと》半端《はんぱ》なぼくとはちがって、動物性食品を一切食べない**ヴィーガン**になった人たちがいる。ヴィーガンの人たちは、肉・卵・牛乳のほかにも、魚や甲殻類《こうかくるい》を含《ふく》めた動物性の食品は食べないし、蜂蜜《はちみつ》も食べない（ミツバチを労働させてできたものを奪うからか）。さらに、革や羽毛などの動物性の素材を使った衣料品や、動物実験をして作られた製品も使わない。

ぼくが読んだ『ビーガンという生き方』（マーク・ホーソーン著・井上太一訳/緑風出版）に

は、それらの行動は「思いやりの生活」の実践《じっせん》だと書いていた。痛みを感じるすべての生物や、立場の弱いすべての人間から搾取《さくしゅ》しないで生きることを決めた人たちだ。

海外ではヴィーガンはめずらしくない。日本でも、まだ少数派だとしてもヴィーガンの人たちはいる。ぼくはまだまだヴィーガンになれそうもないけれど、動物たちのために動物由来の食品や製品の誘惑《ゆうわく》を断《た》って、食べない・使わないと決めた人たちはすごいなぁと思う。

ただ、一方では、ヴィーガンになることを選んだ人たちを極端《きょくたん》で偏《かたよ》った思想に染まったヤバい人たちだと決めつけて攻撃する人たちも多いのだった。そんな場面をＳＮＳで目にするたびにぼくは、自分にはできないことをしている人には、攻撃して自分を正当化するのではなくて、まず尊敬の念を向けるべきなのに、と思う。そして、どうしてそこまで、動物たちのことを二の次、三の次にしたいのだろうとも。

もしあなたが今、中学生や高校生なら、大人の体をつくるためにちゃんと栄養をとらなきゃならない時期だから、そんなときにこうやって肉や卵や乳製品をとることに引け目を感じさせるような事実を伝えることに複雑な気持ちがある。これはなかなかすぐには解決できない難しい問題だ。だって、一歩外に出れば、コンビニでもスーパーでも飲食店でも、こんな問題なんかどこにもないかのように肉・卵・乳製品を売っているのだから。

ぼくは、それらの食品をすぐに食べるのをやめなければならないと言うつもりはないんだ。ただ、このような事実があることを知って、考えつづけてほしいと思う。そして、もっと動物の命が大切にされるべきだと思ったなら、自分ができることからやってみてほしい。たとえば、「家畜」を含めた動物たちの現状を伝える本を読んだり（ペット産業だってかなり問題が多い）、ドキュメンタリー映画を観《み》たりするのも大事なことだ。また、「家畜」の健康に配慮《はいりょ》した飼育をしている農場の製品を多少値段が高くても購入《こうにゅう》して応援《おうえん》したり、信用のできる動物保護団体を支援したり（金儲《かねもう》けのために動物を利用するところもあるようだから注意して）、肉や卵や乳製品を使わずに似たような食感や味をめざした食品を選んだりと、身近なところから行動に移すことはできる。あるいは、ちゃんと話を聴《き》いてくれる人とこの問題について一緒に話し合うのもいい。ともかく、「家畜」とされる動物たちが置かれた状況のことを忘れずに意識にとどめておくだけでも、変化を生む小さなきっかけとなるはずだ。「こんなのおかしい」と声を上げる人が多くなれば、この国での「家畜」の扱いも変化せざるをえなくなるだろう。

「だけど、先生方にぼくは、魚や鶏肉が成分のご飯をあげている」

二つのご飯皿を持つぼくを、というよりご飯皿を、クロスケ先生とチャシロ先生は真剣《しんけん》なまなざしで見上げている。かつぶしが大好物の先生たちにとって、カリカリのキャットフードにかつぶしを載《の》せた夜のご飯は、一日のハイライトなのだった。

「ここにも矛盾《むじゅん》がありますよね……？」

チャシロ先生は待ちきれずにニャッと小さく鳴いた。

ご飯皿をそれぞれの位置に置くと、クロスケ先生もチャシロ先生もすぐに食べはじめる。集中して食べるその姿にホッとする。昔はご飯に味噌汁《みそしる》をかけた猫まんまを飼い猫に与えていたというから、コメや大豆食品でも食べられるのかもしれない。そうはいっても、先生たちには、肉のかわりの大豆ミートを食べさせるわけにはいかないだろう。だって、これはぼくら人間たちがどうするかという問題なんだから……。

第6章

命ってなんだろね

命には身分とか優劣がある？

重たい話がつづいてしまった。「肉や卵を食べちゃダメなの？　牛乳も？　何それどういうこと？」と混乱したかもしれない。読むのがつらくなっちゃったかもしれないけど……、もう少し言うべきことがあるんだ。

　繰《く》り返《かえ》すけれど、「食べるということはほかの命を奪《うば》うこと」なのは、たしかにそうだ。だけど、「だからどんどんほかの命を奪ってもかまわない」ということにはならない。

前にも書いたけれど、**どんな命も、「家畜《かちく》」とされた動物たちも、この世に生まれたからには必死に生きようとするし、生きるなら快適にしあわせに生きたいと願う。そういう命を奪って食べるということは、本来奪ってはいけないものを奪うという行為《こうい》**である。

だからこそ、命を奪うのは必要最小限であるべきだし、奪った命に対してなんらかの儀《ぎ》礼《れい》――敬意や謝意を示して鎮魂《ちんこん》する態度がともなうのが、人としてのあるべき姿ではないだろうか。と、そんなことを考えたのは、菅啓次郎《すがけいじろう》・小池桂一《こいけけいいち》『野生哲学《やせいてつがく》――アメリカ・インディアンに学ぶ』（講談社現代新書）を読んだからだ。そこには、このような一節が書かれている。

「動物にも、人のそれと対等な『霊《れい》』があることを信じて疑わない人々は、殺す対象にむかって『なぜ自分はおまえを狩《か》るのか』という理由を説明し、よく納得させ、奪われた命に対する責任を負わなくてはならない。礼をつくして殺し、肉や毛皮や骨をすべて利用し、かれらの子供らを守り、かれらの生存環境《せいぞんかんきょう》を守らなくてはならないのだ。さもなければ復《ふく》讐《しゅう》されても文句はいえない。惑星《わくせい》各地の狩猟《しゅりょう》文化が、この態度を数万年にわたって保ってきたはずだ。」

たとえ「霊」を信じていなくても、あらゆる命には自分とまったく同じく「生きようと願う意思」があることを認めるなら、軽々しく自由を奪ったり命を奪ってもいい存在などないとわかるはずだ。「家畜」とされた動物たちも、もともと「殺されて食べられるためにこの世に生まれた存在」だったわけではなく、また「殺しても別に悲しまなくていい存在」だったわけでもない。たとえ飼育場で生まれた牛や豚《ぶた》や鶏《にわとり》だったとしても、生まれたからには「生きようと願う意思」があるし、快適にしあわせに生きたいと願う。その意思や願いを今やまったく無視して平気な顔をしているのが、現代を生きるぼくら人間である。でも、いつまでもそれでいいわけがない。

この『野生哲学』という本には、ぼくの実感にぴったりする記述もある。アメリカ・インディアンには、**人間以外の生きものを「~の人々」ととらえる精神性がある**というのだ。鳥は「鳥の人々」、鹿は「鹿の人々」、コヨーテは「コヨーテの人々」、そして魚は「鰭《ひれ》のある人々」であり、森の木々さえも「木の人々」となる。そこには、姿も生き方もちがえど命として同じ、対等な存在だという相手への敬意が感じられる。人間以外の命を「殺してもよい命」とか「人間より劣《おと》った命」などと身勝手に区別する傲慢《ごうまん》さはない。「人々」とみなすのだから、これだって擬人化《ぎじんか》といえるけれど、この場合は彼《かれ》らの姿も生き方もそのまま認め、自分たち人間と同じ重さを持つ命として尊重する姿勢の表れといえる。これ

いろんな生きものを「〜の人々」と考えてみよう

は、そのような尊敬もなく、一方的に都合よく人間に引きつけて加工した擬人化とは、似て非なるものではないだろうか。

一度同じように、身の回りの生きものたちを、心の中で「〜の人々」とつけて呼んでみてほしい。「ハトの人々」「ネズミの人々」「カエルの人々」「小バエの人々」などなど……。たったそれだけで、感じ方がこれまでとは変わる感じがしませんか？

「すると、先生方は『猫《ねこ》の人々』ですね。『猫族の人々』と言ってもいいかもしれません」

クロスケ先生とチャシロ先生の背中をポンポン叩《たた》いてマッサージしながら話し

かける。クロスケ先生は真顔でポンポンされているけれど、時折《ときおり》目を細めているので気持ちいいみたいだ。チャシロ先生はポンポンされながら自分の顔を前足でこすりはじめて、それもリラックスしているときのしぐさだとわかる。

考えてみればクロスケ先生は、まだ目が開かない子猫のときから一緒《いっしょ》に暮らしてきたから、自分のことを人間の一員だと思っているのかもしれない。対して、途中《とちゅう》からうちに入ったチャシロ先生はどうだろう。

チャシロ先生はきっと、自分のことを「猫族」だとも思っていないし、ぼくを「人間族」だとも思っていない。ただ大きな生きもの（ぼく）と小さな生きもの（クロスケ先生とチャシロ先生）がいるという認識なのかもしれない。大きな姿と小さな姿。ただそれだけのちがいの、同じ命として一緒にいるのだと。

命を区別・差別すると何が起こるか

人間と人間以外の動物たち。両者は「命として同じ、対等な存在」であるべきだとぼくは思うけど、実際は全然そうなっていない。ぼくらは動物たちよりも人間の命を優先して、あるいは動物たちの命を下に見て、絶対的にその扱《あつか》いに差をつけている。

自分と同種であるほうに感情移入《いにゅう》するのは自然なことだとは思うけれど、問題は「絶対的に」扱いを分けているということだ。

第4章の「河川敷《かせんじき》で暮らすおっちゃんと猫」のところでぼくは、「あらゆる差別の根には、命として同じであるはずのものを、価値が上か・下かで分けて考える『区別』が最初にあるのではないかと思っている」と書いた。ここでは**「価値が上か・下かで分けて考える『区別』」**について考えてみたい。

この「区別」の問題は根深い。というのも、ぼくらはふだんから、視界に入る物事をほぼ自動的に「自分にとって大事なものか、そうでないものか」という基準で振《ふ》り分《わ》けて、意識を向けたりスルーしたりしているから。だって、目に入るものすべてに意識を集中させていたら、心がパンクしてもたないでしょう？

ぼくの日常の話を例にすると、たとえば洗濯物《せんたくもの》を干すとき。お気に入りの服は丁寧《ていねい》にシワを伸《の》ばすし、ほかより乾《かわ》きやすい場所に干す。同じ色の靴下《くつした》を干すのでも、新しいものを優遇《ゆうぐう》していい場所に干す（うーん、こんなの本に書くようなことじゃない。笑）。そうやって洗濯物を干しながら、「あれ、これってすでに『区別』が発動してる？」と微妙《びみょう》な気持ちになることがある。

この場合はモノの区別だから、とくに問題にはならない。だが、その区別を生きものの命に対して向けたとしたら、話は変わってくる。人間と動物の扱いの区別、「ペット」と「家畜」の扱いの区別はすでに書いたけれど、ほかにも天然記念物に指定された希少《きしょう》な動物と、防除（害を防ぐために駆除《くじょ》すること）が行われている「特定外来生物」に指定された動物の扱いの区別もあるよね。

さらに、あろうことか、**人間と人間の間の区別も無数にある。**街の路上や河川敷で暮らす人々への偏見《へんけん》もそうだし、学業や仕事の成績が良いか悪いか、裕福《ゆうふく》な人か貧しい人かで扱いが変わったりする。

また、日本では今、トルコからやってきたクルド人をはじめ、海外からきた移民や難民に対する警戒心《けいかいしん》や敵意がものすごく高まっている。自分とは異なる背景の人々に対する生理的嫌悪《けんお》や不安、弱い者いじめを楽しむ気持ちなどから、事実に基《もと》づかない情報を拡散して敵意を煽《あお》り、どんどんみんなが事実をたしかめもせずにそれに乗っかるという構図。在《ざい》日外国人《にちがいこくじん》は日本では圧倒的《あっとうてき》に少数派のため立場が弱く、選挙権もないため、なかなか反論や抗議《こうぎ》ができない。だから攻撃《こうげき》するほうはやりたい放題となる。かつて、関東大震災《かんとうだいしんさい》の直後、朝鮮人《ちょうせんじん》が悪事を働いているというデマが広がって、多数の日本在住の朝鮮人および中国人や、朝鮮人だと疑われた地方出身の日本人が虐殺《ぎゃくさつ》されたこともあった（「虐殺はなかった」と言う人もいるけれど、それは事実ではない。多くの証言や史料《しりょう》が残されている。加藤直樹《かとうなおき》『九月、東京の路上で——1923年関東大震災ジェノサイドの残響《ざんきょう》』〈ころから〉を読んでみてほしい）。

同じ命を区別するのと、区別した相手を下に見て軽《かろ》んじる差別は表裏一体である。そして、命の区別・差別が行きつく先は、「相手を殺してもよい」と殺しを正当化《せいとうか》することだと思う。

「先生、どうしよう！　楽しいはずの動物の話が、どんどん血なまぐさくなってきました……！」

クロスケ先生とチャシロ先生の前で、思わず身を投げだして嘆《なげ》いていた。

「このまま深刻なことを書き続けたら、だれも読まなくなってしまう。だけど、ここが肝心《かんじん》なんです。どうしたらいいのかわかりません」

すると、床《ゆか》に突《つ》っ伏《ぶ》したぼくの背中に、クロスケ先生がゆっくりと乗って腹ばいになった。チャシロ先生も、そっとお尻《しり》の上に乗って自分の体を舐《な》めはじめる。慰《なぐさ》めてくれている……のではなく、ただくつろいでいる？　ぼくはふたりの体温と重みを背中とお尻に感じながら、しばらく身動きがとれなくなる。

水俣病事件と生きものたち

生きたいと願う意思をもつ命同士、互《たが》いに尊重し合うべきなのに、区別によって扱いが変わることを見てきた。これも人間という動物が集まった社会の一面といえる。ほかの命に思いやりをもてるのが人間らしさならば、自他《じた》を区別して恐《おそ》ろしく冷酷《れいこく》になれるのも、もう一つの人間らしさである。

ここで考えたいのは、**自分にとって「価値が上か・下か」に基づいて区別する側は、区別される側よりも圧倒的に力を持っている**ということだ。たとえばそれは、動物たちに対する人間の強大な力であり、また選挙権のない在日外国人に対して圧倒的に数が多く選挙権もある日本人のマジョリティ（多数派）としての力である。あるいは、障がい者に対する健常者《けんじょうしゃ》のマジョリティの力、なども。会社における社長と会社員の関係もそうだろうし、学校の先生と生徒の関係だって、ある意味ではそうかもしれない。

力のあるほうが力のないほうを、一方的に、自分の価値基準にしたがって区別するのであり、その逆は滅多《めった》にない。注意してほしいのは、力のあるほうが一方的に行う区別は、必ずしも正義や道徳に基づく行為ではないということだ。不正義であってもなんであっても、力のある側がその区別を正当化すれば、それは罪に問われずまかり通る。言いかえれば、命の重さ軽さの判断さえも、力のある者によって決められてしまうということだ。ナチスドイツのヒトラーがユダヤ人や障がい者を不要な人々とみなして大勢殺したように。イスラエル政府と軍がガザのパレスチナ人を虐殺していることを、西欧《せいおう》諸国のえらい政治家が止めようとしないように。

かつて一九五六年に公式確認された公害病《こうがいびょう》の**水俣病《みなまたびょう》**も、同様の構図で被害が拡大した。肥料とプラスチックの原料を生産していた加害企業のチッソは、有機《ゆうき》水銀《すいぎん》の混じった廃水《はいすい》（使用済みの水）を八代海《やつしろかい》（不知火《しらぬい》海《かい》）に長期間たれ流した。八代海は島々に囲まれた湖のような海なので、水銀＝毒物が薄められずにたまりやすい。その結果、まずは海中や海辺の魚介類《ぎょかいるい》に異変が生じ、次に海辺にいてそれらの魚介類を食べた動物たち、カラスや猫などに異変が起きた。ほどなくして漁師とその家族も次々に水俣病の症状《しょうじょう》を呈《てい》して倒《たお》れていった。

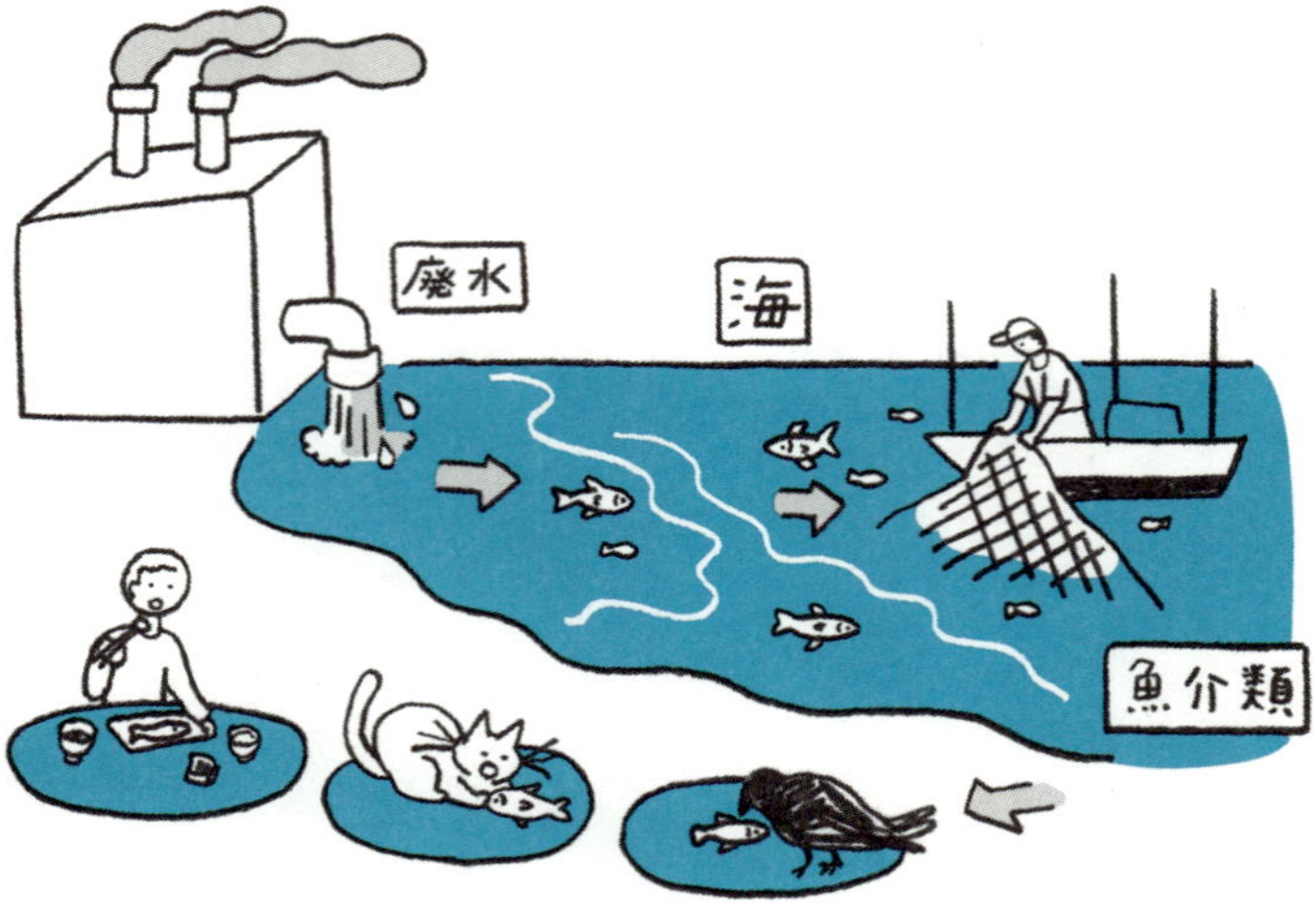

海に排出《はいしゅつ》された水銀は魚介類から、カラス、猫、人などに取り込まれる

それでも原因の廃水を流したチッソは、東京の学者まで動員して原因は別にあると責任を否定し、有機水銀の混じった水を止めずに排水《はいすい》しつづけ、被害《ひがい》を拡大させた。さらに悪いことには、日本の経済成長を推《お》し進《すす》めるうえでチッソはなくてはならない存在だったので、国は原因究明に本腰《ほんごし》を入れなかった。熊本県や水俣市さえも、患者《かんじゃ》の救済《きゅうさい》よりもチッソを擁護《ようご》した。

そこにはまず、経済のためなら動物（海中や海辺で暮らす生きものたち）の命は二の次、三の次とする動物差別があっただろう。そして、貧しくて政治的な力もない漁民に対する区別・差別もあったといえる。おそろしくないですか？　自分たちを守ってくれるはずの国や県や市が、経済発展のために地元の人たちが病気になったり死んだりしてもかまわないと考え、命を切り捨てたのだから（そして、この構図ははたして過去の、水俣だけの話だろうか？）。

被害は八代海を挟《はさ》んで対岸の天草《あまくさ》一帯までおよんだが、国はいまだに被害規模の全容調査をしていない。水俣病の患者であると認定されれば補償《ほしょう》を受けられるものの、患者と認定するための基準が実態に合わない狭《せま》い基準のままなので、症状に苦しんでいても認定されていない患者が今も数多くいる。

「八百三十八匹《びき》……」

とぼくはつぶやく。ふたりの先生方が隣《となり》の寝室《しんしつ》で寝入《ねい》っている夜ふけに、以前、水俣病の患者さんを支援《しえん》している施設《しせつ》である「水俣病センター相思社《そうししゃ》」を訪れたときに聞いたことを思いだしていた。水俣病の原因を探る実験に、八百三十八匹もの猫が使われた。実験をした細川一《ほそかわはじめ》医師の『猫台帳』に、その数字が書かれていたという。この細川医師は、まだ水俣病が「奇病《きびょう》」と呼ばれていた時代に、原因不明の患者がいると最初に保健所に報告した人だ。それが水俣病が公式確認された日となった。

有機水銀で汚染《おせん》された魚介類を食べさせたり、チッソの水俣工場の廃液《はいえき》を餌《えさ》にかけて与《あた》えたりして、水俣病を発症するかたしかめる。せっかく健康だった猫も、ヨダレをたれ流したり、痙攣《けいれん》発作を起こしたりと悲惨《ひさん》な姿となってやがて死ぬ。そんな実験に八百三十八匹。それでも、人間のためなら仕方ないとおそらくみんなが言う。わかるけど、そんなにすぐに割り切っていいのだろうか。いつだって「人間のためなら仕方ない」と、それがすべてであるかのようにもうそこから考えない。だけどそもそも、そういうほかの生きものの命のことを考えない人間中心主義こそが、水俣病の発生と拡大につながったんじゃないのか……?

やるせないのは、実験によってチッソの廃液が水俣病の原因だと細川医師が確信して会社(チッソ)に報告したのに、会社はそれを公表しなかったことだ。そのため排水はつづけられ、新たな患者が増えていった。「人間のため」に殺された八百三十八匹の猫の命は報《むく》われたといえるのか。

前にふれた生田さんの『いのちへの礼儀』には、人類(ホモ・サピエンス)には過剰《かじょう》に狩猟採集するという特徴《とくちょう》があり、行く先々で現地の生きものを絶滅《ぜつめつ》させてきたと書かれていた。現に今も、人間の活動が原因で多くの種が絶滅したか、絶滅の危機に瀕《ひん》していると報告されている。**ぼくらが我が物顔で生きることが、この世界からたくさんの生きものを**

消し去ることにつながるなんて。ごく身近な話でも、たとえば、暑い日にはみんながエアコンを使うよね。使わないと熱中症《ねっちゅうしょう》になって命に関わる。だけど、外で暮らすエアコンのない生きものたちは、エアコンの排気熱に巻かれて生きるのがより一層苦しくなっているかもしれない。これをどう考えたらいいのか……。

「どうしましたか、先生」

ふと見ると、クロスケ先生が隣の寝室からやってきて、ぼくの顔をヒタと見上げていた。いつまでもぼくが起きているから気になったようだった。

「わかりました。もう寝ますよ」

立ち上がると、クロスケ先生はすぐに先導するように寝室のほうに歩いていった。

その姿に、猫をはじめとする動物たちの純真な心を思う。

そして、ぼくら人間が自然を破壊《はかい》すれば、抵抗《ていこう》もできずにただただ犠牲《ぎせい》になる動物たちのことを思う。

第7章

命の世界を心の真ん中に

猫をなでるときの心得
——心を外に向けて相手を感じる

さて。重たい話は前の章まで。ここからは、のほほんとした話でいこう。

クロスケ先生はなでられるのが好きだ。歳《とし》をとっておじいちゃん猫《ねこ》になってから、その傾向《けいこう》が強くなってきた。

まだ若いころは、それまで気持ちよさそうになでられていたのに、急に「もういいっつってんだろ！」というふうにぼくの手にガッと前足で組みついて、後ろ足でカカッと蹴《け》ったりすることがあったけれど、近ごろはそれもなくなった。まぁ、ぼくが先生の気が済《す》む頃合《ころあ》いをわかるようになったこともあるかもしれないけれど。

クロスケ先生に催促《さいそく》されて、一日のうち何度かクロスケ先生とチャシロ先生をなでる。床《ゆか》に正座して、右側にいるクロスケ先生を右手で、左側にいるチャシロ先生を左手で、同時に背中をなでたりポンポンしたり。いつもきまった動作だから、自然と動作が機械的になって、ほかのことをぼんやり考えている自分に気づく。

さぁ、ここからが、猫をなでるときの奥義《おうぎ》の話。

考えごとをしている自分に気づき、「いかんいかん」と先生たちのほうに気持ちを向けてなでた。すると、その瞬間《しゅんかん》から、手のひらに伝わる感触《かんしょく》がガラッと変わったことに気づいたんだ。

さっきまで機械的に「なでてあげている（やってあげている）」意識のときは、自分の手のひらの表面がこすれる感触しか感じていなかった。それが、先生たちのほうに気持ちを向けた途端《とたん》に、先生たちそれぞれの背中の厚みや毛のやわらかさ、体の温かさが、手のひらを通じてぼくの中に入ってきた感覚があったんだ。ただ意識が向かう先を変えただけで。

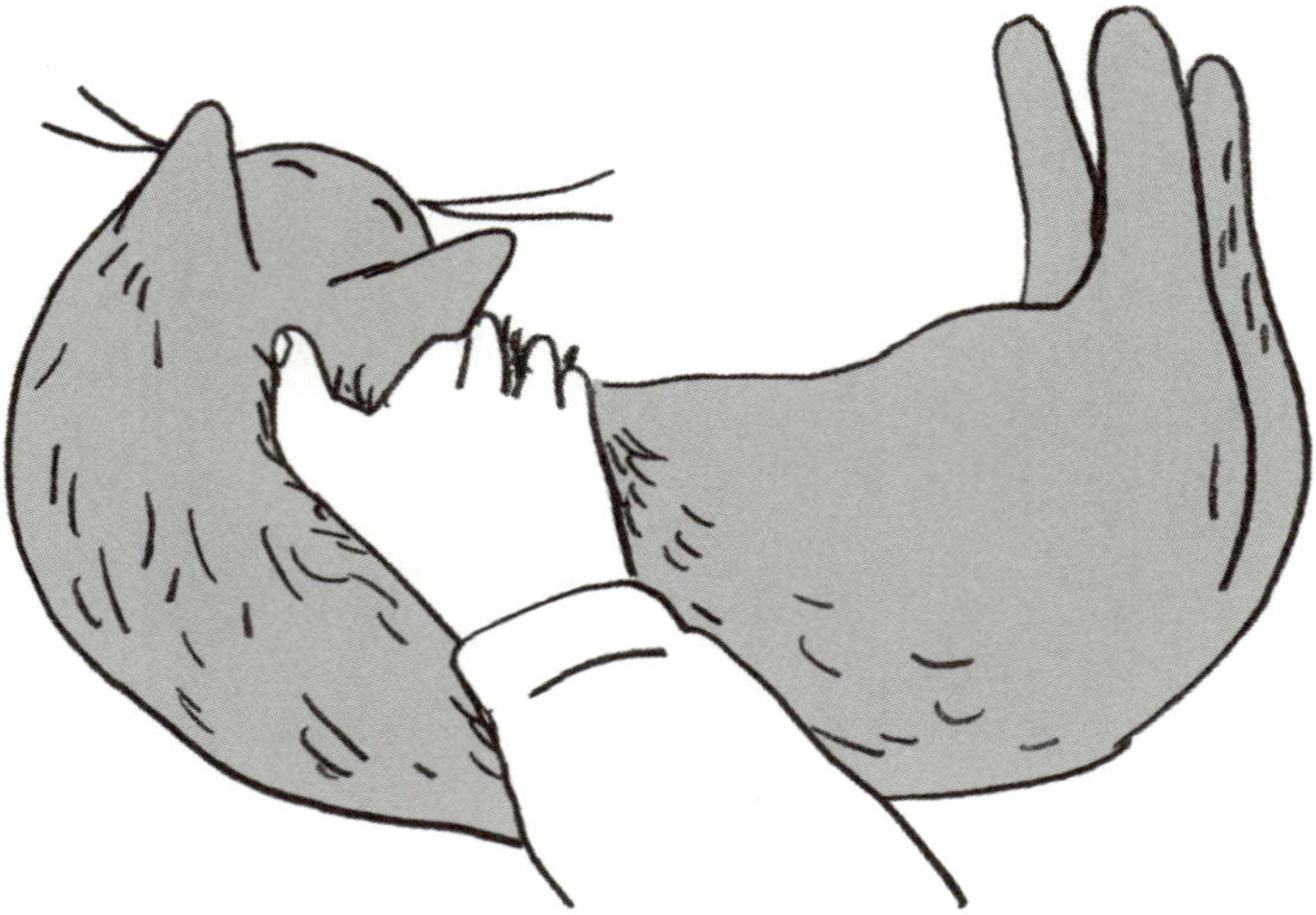

自分のことをいったん忘れて、相手のことを感じてみよう

これは猫に限らず、一緒《いっしょ》に暮らしている動物たちともっと親密になるための奥義だとぼくは思うし、ほかの様々《さまざま》なことにもつながる大事なことだと思う。

だれかと一緒にいても、「やってあげている」気持ちでいるときや、「自分がどう見られているか」と自分のことにとらわれているときは、そばにいるはずの相手のことが、じつは自分の中に入ってきていない。**自分のことをいったん忘れて、相手がどんな状態・気持ちでいるかに意識を向けたときに、はじめて相手のことがスッと自分の中に入ってくる。すぐそこに、自分とはちがう他者がたしかにいるという実感をもてるようになる。**

窓ガラスに反射した自分の顔にとらわれていると、その外に広がる景色に気づかないよね。せっかく外に鮮《あざ》やかな「世界」があるのに。

悩《なや》みを抱《かか》えているとき、自分はどうしたいのか、自分の本心を静かに見つめる時間はとても重要だと思う。

一方で、大切なだれかと（大切な人や動物たちと）一緒にいるときは、その時間をちゃんと味わうために、自分への関心を一度手放すことも大事だと思う。なぜって、そうしないと、いつまでも世界の中にポツンと自分しかいないことにならないだろうか。

生きものたちとつながる自分

ぼく自身、自分の身の回りの世界を観念的《かんねんてき》に（頭でっかちに理屈ばかりで）とらえるクセがあって、二十代の学生のころなんか、自分が肉という物質でできた体をもっていることすら忘れそうになることがあった。そういうときは、自分の体の感覚が、なかば麻痺《まひ》したようになっている。

この世界がすべて仮想現実《かそうげんじつ》のようなフィクションだと感じてしまうのは、ある意味では本質的な問題を内包していると思うけど（人間が神話とか宗教を生みだすのはなぜかとか）、その薄《うす》くて軽い感覚に心が乗っ取られてしまうと生きていくのが危うくなる。

だけど、ぼくら人間という動物が集まる社会は、どんどん、自分が肉体をもった動物であることを忘れる方向に邁進《まいしん》しているような気がするのだが、どうだろう？　生きものとしてどう気持ちよく生きるか、そう生きられる社会をどう作っていくかよりも、学業や仕事における能力ばかりが重要視されるというか。

学校でも会社でも、成績が優秀《ゆうしゅう》であることを求めるし、優秀な者を称揚《しょうよう》する。好成績をだすためにつねに「最高のパフォーマンス」ができるように備えろとか、「効率化」の名の下に無駄《むだ》を極限まで省《はぶ》くことが奨励《しょうれい》される。人に対して「スペック」がどうのとか。おいおい。人間はパソコンか？　なんだか、ただ生きていることが無駄だと言われているみたいだ。

だれかを「優秀だ」と言ったり、自分が言われたりするとき、気をつけたほうがいいよ。だって、それは別に人柄《ひとがら》を評価しているわけではないのだから。ぼくも一緒《いっしょ》に仕事する編集者のことを「あの人は優秀だ」とか言うこともあるけれど、だれかを「優秀だ」と評する言葉は「自分にとって便利だ」という言葉に置《お》き換《か》えてもさほどちがいはない。つまり

「都合のよい人だ」と言っているようなもの。「優秀」なんて言葉を信用してはいけない。

人間であるぼくもあなたも動物である。ままならない肉体をもつ存在である。

ぼくらは体を自分のもののように考えがちだけど、つまり、急に頭やお腹が痛くなったりして意思で完全にはコントロールできないし、体は体にとって必要なことに基づいて日々を営《いとな》んでいて、その意味では、体はいちばん身近な他者《たしゃ》だともいえる（だからいじめないでいたわってあげなければ）。他者である体は、体にとっての都合をなんらかのサインで訴《うった》えてくる。それをガン無視して働きづめになれば、やがて心を病んだり、過労死してしまうことにもなる。

「優秀」であることにがんじがらめにされた世界の中で、自分のことを一度棚《たな》に上げて、心を猫先生たちのほうに開いてなでているとき、先生たちと生きものとしてつながっていると感じる。

クロスケ先生とチャシロ先生は、動物として、生きものとしてのあるべき姿をぼくに教えてくれるんだ。寝《ね》たいときに眠《ねむ》り、食べたいときに食べ、遊びたいときに遊ぶ。自分が危険を感じたら他人がどう思おうが真っ先に逃《に》げるし、怒《おこ》るべきときは躊躇《ちゅうちょ》なく怒る。「優秀」であることを評価されるために生きてはいない。まさに生き方の先生。我が師匠《ししょう》。

人間であるぼくは、先生たちと同じようにはできない。でも、ほんとうはそれでいいはずなんだなぁと、スケジュールと評価に縛《しば》られた自分の中に、それらとは無縁《むえん》に生きる営みを刻んでいる生きものとしての自分がいることを思う。それだけでも、だいぶ心が軽くなる。

自分も生きもの、もっと楽に生きていいのだ

たとえば今、受験勉強に邁進していたり、部活の大事な試合で勝つためにあらゆる努力をしているさなかだったら、こんな呑気《のんき》なことを言われても、ただの無意味なノイズにしか聞こえないかもしれない。「ハ？　なに言ってんの？　あんた責任とれんのかよ」と。うーん、ごめん。責任は、とれないなぁ……。

学校の生徒のように、受験や試合をすることから逃《のが》れられない環境《かんきょう》にいるなら、そして自分がそれを望むなら、ベストを尽《つ》くしてやるしかない。ただぼくは、「成績」とか「評価」以前の、もっと基本的な足元の、肉体をもった生きものとしての生き方があることを忘れないでほしいと思い、これを書いている。

受験や試合などでいい結果がでたら、それは祝福すべきことだ。よくがんばったね、おめでとうと言おう。でも、その目的達成だけがすべてになってしまえば、努力が実らず達成できなかった自分とか、達成できなかったほかの人のことをどう思うだろう？　価値がないとか無意味に思ったりしないだろうか？

言いたいことは、**ひとつの目的・目標の達成をめざすのはすばらしいことだとしても、その目的・目標の達成だけが人生の（生きものとして生きることの）すべてではない**ということだ。よい結果でも、よくない結果でも、どんな結果になろうともあなたは尊重されるべきあなたとしてそこにいる。猫先生たちがそうであるように、そこにいることになんの恥《はじ》もない。だれかに何かを言われる筋合《すじあ》いはないのである。

それにしても、人間って、どうしてこう目的・目標・成績・評価に始終《しじゅう》追われて生きるしかないんだろう。その究極の姿は、前に書いたようにハイスペックのマシンになることだけど、そんなもの生きものなんだから無理にきまってる。だけど、人間として社会の中で暮らすかぎり、目的・目標・成績・評価から完全に逃れることはできないし、逆に、どうもぼくらは、目的や目標なしには前向きな気持ちで生きられないみたいだ。これってもはや、人間の業《ごう》だよね……。

だからぼくは、一日の中で、そんな「人間」を脱《ぬ》ぐ時間をもつことを勧《すす》めたい。動物たちと触《ふ》れ合《あ》うときとか、お風呂《ふろ》につかっているときとか、「人間」という着ぐるみを脱いで、ただの一個の命になって、ホッと息をつく時間をもってほしい。

「こんなぬるいことを言ってるから、収入も少ないし、小説家としても鳴《な》かず飛《と》ばずなんでしょ、とか思われるんでしょうか……？」

めずらしくちょこんと並んで座っているクロスケ先生とチャシロ先生に恐《おそ》る恐る聞いてみる。ふたりの先生は、相談者に向き合う神官《しんかん》のように、まっすぐな姿勢を保っていた。

「だから、ぼくが言うことを聞いたって、何も将来の足しにならないと思われるんでしょうか……？」

不安を吐露《とろ》するぼくを見ていたクロスケ先生は、スッと頭を前に乗りだしてぼくのそばに来た。その動きに合わせるようにチャシロ先生もそばに来た。なでてほしいようだった。するとそのとき、昭和の時代に活躍《かつやく》した作家・坂口安吾《さかぐちあんご》の本の紹介《しょうかい》でよく使われるフレーズ「生きよ、堕《お》ちよ」ならぬ「生きよ、なでよ」という言葉が、天から降ってきたように脳内に思い浮かんだ。

顔を近づけてなでると、「猫の人々」のふたりは、おだやかな目の表情になってちいさく喉《のど》を震《ふる》わせた。なでられているから、というのもそうだけど、そもそもぼくがいることをうれしく思っていることが伝わってくる。全然ちがう生き方でも、言葉でやりとりできなくても、一緒にいることがお互《たが》いにうれしい。

小さな体の中に、純真《じゅんしん》で大きな心をもつふたりが、今ここに、ともにいる。

自分とはちがう他者といることは、大変な面もあるけれど、新鮮《しんせん》な驚《おどろ》きに満《み》ちた喜びなんだという世界観のほうを、ぼくは信じたい。

次に読んでほしい本

生田《いくた》武志《たけし》
『いのちへの礼儀』
筑摩《ちくま》書房《しょぼう》、2019年

生田さんが十年もかけて書いたというこの本は、本編でもたくさん引用した工場式畜産《ちくさん》のことはもちろん、肉食の歴史、ペット産業、実験動物、動物の権利や動物の福祉《ふくし》の考え方、また捕鯨《ほげい》問題や被災地《ひさいち》の動物のことなど、動物と人間の関わりについてありとあらゆることを網羅《もうら》している。読み始めはハードルが高いと感じるかもしれないが、動物ばかりか昆虫《こんちゅう》も法廷《ほうてい》で裁《さば》いたというヨーロッパの動物裁判のことや、第二次世界大戦中にアザラシも戦闘《せんとう》に利用されていたことなど、驚《おどろ》くべき事例がてんこ盛りで、興味が尽《つ》きない。だが、ただ知識をまとめた本ではなく、動物ばかりではなく人間さえ「家畜化《かちくか》」された状態から脱却《だっきゃく》し、生きる喜びと尊厳《そんげん》を取《と》り戻《もど》すために動物と人間が力を与《あた》えあうというビジョンが示されていて、胸を打つ。一般書《いっぱんしょ》でこんな圧倒的《あっとうてき》な本はもう出ないだろう。いつかぜひ読んでほしい、動物本の決定版。

『水はみどろの宮』
石牟礼道子《いしむれみちこ》
福音館文庫《ふくいんかんぶんこ》、2016年

本編でぼくは、擬人化《ぎじんか》に対してだいぶ懐疑的《かいぎてき》なニュアンスで書いたけれど、犬の「らん」や片目の猫「おノン」、山伏《やまぶし》に化身《けしん》した千年狐《せんねんぎつね》の「ごんの守《かみ》」など、動物たちがしゃべるこの物語には心揺《ゆ》さぶられた。川の渡《わた》し守《もり》をしているおじいさんと暮らす子どものお葉《よう》が、神様の使いのような山の動物たちと出会う話。彼《かれ》らは、天変地異《てんぺんちい》が近づくと人間に危急《ききゅう》を知らせに人里《ひとざと》に現れる。ここにも、厳しい自然のもとで人間と動物たちが互《たが》いを思いやる世界が描《えが》かれている。作者の石牟礼さんは、水俣病患者《みなまたびょうかんじゃ》の思いを鮮《あざ》やかに描《えが》いた不朽《ふきゅう》の名作『苦海浄土《くがいじょうど》』（講談社文庫）を書いた方。石牟礼さん自身が、人間と人間以外の生きものの命をつながりのあるものとして見つめていた。だれもがその感覚と視点を取り戻す必要があると、切実に思う。

生田武志・山下《やました》耕平《こうへい》編著《へんちょ》『10代に届けたい5つの〝授業〟』
大月書店、2024年

学校ではなかなか教えてくれない、だけど自分にとって切実だったり、周囲のだれかが人知れず困っているかもしれない五つのテーマ「ジェンダー」「貧困」「不登校」「障害」「動物と人との関係」について、それぞれの専門家が本気でわかりやすく書いている。どのテーマも、ぼくらの社会のあり方にじかに関わる重要なものだ。タイトルに「10代に届けたい」とあるけど、まずは大人こそ知るべき内容じゃないかと思う。「貧困」の章を書いた生田武志さんは、ここでも動物たちの置かれた状況《じょうきょう》について、獣医師《じゅういし》であり動物と人との共生《きょうせい》のために活動するなかのまきこさんと一緒に伝えている。この本の目的の一つには「自分とはちがう生き方をしている人たちと、本当の意味で出会ってほしい」というのがある。この出会ってほしい「人たち」にはもちろん「動物たち」も入る。ぼくが本編で「他者」との関わり方について書いたのと方向性は同じ。自分とはちがう人に対して、その人の事情を何も知らなければ、人は面白半分に攻撃《こうげき》してしまうことがある。相手に対する想像力を養うために、年齢を問わず読んでほしい大切な本だ。

稲《いな》垣《がき》栄《ひで》洋《ひろ》

『ナマケモノは、なぜ怠《なま》けるのか？』

ちくまプリマー新書、2023年

じつに愉快《ゆかい》、痛快。ぼくの『猫《ねこ》と考える動物のいのち』が、ぼく個人の考えに基《もと》づいて命に優劣《ゆうれつ》はないことを書いた本だとすれば、この『ナマケモノは、なぜ怠けるのか？』はより客観的《きゃっかんてき》・具《ぐ》体的《たいてき》に、生きものたちの生き方にはちゃんとそれぞれの生存戦略の理由があり、かっこ悪く見えてもじつはめちゃすごいのだ、ということを教えてくれる本である。「神さまはどうして、こんなつまらない生き物をお創《つく》りになったのだろう」と最初はボロクソにけなしておきながら、どんどんぼくらの偏見《へんけん》をひっくり返す驚《おどろ》きの事実を列挙《れっきょ》していき、最後は「だからね」「そのままでいいんだよ」と終わる。たとえば、ブタの体脂肪《たいしぼう》率《りつ》は十五パーセントで、痩《や》せた人間男性のそれと同じくらい、しかも時速四十キロで走れると言われているそうだ。百メートルだと九秒で走る速さだと（人間の世界記録は九秒五八）。「もう『ブタ野郎《やろう》』は褒《ほ》め言葉でしかない」という一文が最高だ。生物としての人間の強みは「弱いけれど助け合う」ことであり、だれもが一人ひとり「間違《まちが》いなく、この世界で唯一《ゆいいつ》の存在である」というメッセージにホロリと胸を打たれる。おすすめ！

ちくま
Q
ブックス

稲《いな》垣《がき》栄《ひで》洋《ひろ》

静岡大学大学院教授

植物たちの
フシギすぎる進化
——木が草になったって本当？

生き残りをかけた、植物の進化を見つめると、
その「強さ」の基準や勝負の方法は
無限にあることがわかる。
勇気づけられる、植物たちの話。

井《い》出《で》留《る》美《み》

食品ロス問題ジャーナリスト

SDGs時代の
食べ方
——世界が飢えるのはなぜ？

日本では今この瞬間にも大量の食べものが捨てられている。
その量は国連が行う食料支援のなんと1.4倍。
このおかしな状況を変えるにはどうしたらいいのか!?
食卓から世界を変えよう！

ちくまQブックス

小《こ》泉《いずみ》武《たけ》夫《お》

東京農業大学名誉教授

世界一くさい食べもの
——なぜ食べられないような食べものがあるのか？

脱ぎたてのお父さんの靴下の60倍以上くさいという
魚の缶詰「シュール・ストレミング」。
世界にはなぜこんな食べものが存在するのか？
その謎に迫る。

小《こ》泉《いずみ》武《たけ》夫《お》／井《い》出《で》留《る》美《み》

東京農業大学名誉教授／食品ロス問題ジャーナリスト

いちばん大切な食べものの話
——どこで誰がどうやって作ってるか知ってる？

食料自給率が38％しかない日本。
今すぐ国内生産を増やさないと大変なことに。
でもどうやれば？
食の問題に取り組む二人のプロフェッショナルと考える。

ちくまQブックス

中《なか》村《むら》桂《けい》子《こ》

JT生命誌研究館名誉館長・理学博士

科学はこのままでいいのかな

——進歩？　いえ進化でしょ

生活は便利になったけれど、
効率やスピードばかり求める社会はどこかおかしい。
私たちは生きものなのだから。
進化を軸に、新しい未来のかたちを考えよう。

青《あお》野《の》由《ゆ》利《り》

科学ジャーナリスト

ウイルスって何だろう

——どこから来るのか？

歴史を見てもウイルスは人間社会に多大な影響を及ぼした。
同時にウイルスは人間社会の鏡でもある。
ではウイルスの正体とは。
科学的に、社会的に、考える。

ちくまQブックス

木《き》村《むら》元《ゆき》彦《ひこ》

ノンフィクションライター

在日サッカー、
国境を越える
——国籍ってなんだ？

ルーツを尊びチームに愛される、
プロサッカー選手の生き方って？
日韓で活躍し、北朝鮮代表も務めたアン・ヨンハ選手が、
今度はもうひとつのワールドカップへ！

内《ない》藤《とう》正《まさ》典《のり》

同志社大学大学院グローバル・スタディーズ研究科教授

トルコから
世界を見る
——ちがう国の人と生きるには？

西洋と東洋、二つの文化の融合の可能性を
問い続けてきた国・トルコ。
トルコの考え方を通して、異文化理解やグローバルであるとは
どういうことかを考える。

ちくまQブックス

小《お》貫《ぬき》篤《あつし》

埼玉大学准教授

法は君のためにある——みんなとうまく生きるには？

中学生のタツルくんが出会ったトラブルは、
法的な考え方を使うとどう解決できるのか？
みんなとうまく生きるための法の世界に、
君も一歩足を踏み入れてみよう。

飯《いい》田《だ》隆《たかし》

慶應義塾大学名誉教授

不思議なテレポート・マシーンの話——なぜ「ぼく」が存在の謎を考えることになったか？

不思議なテレポート・マシーンとの出会いをきっかけに、
哲学の基本的な問題をめぐって丁寧に議論を繰り広げる。
論理的思考の展開方法も学べる
やさしい哲学対話。

ちくまQブックス

米《よね》光《みつ》一《かず》成《なり》

ゲーム作家・ライター・デジタルハリウッド大学教授

人生が変わる ゲームのつくりかた
——いいルールってどんなもの？

ゲームづくりの核は
「場を楽しくするルール」を生み出すこと。
それができれば、君の人生はもっとおもしろくなる。
人気ゲーム開発者がイチから教える入門書！

山《やま》脇《わき》岳《たけ》志《し》

スマートニュース メディア研究所所長

SNS時代の メディアリテラシー
——ウソとホントは見分けられる？

ニュース、SNS、動画からAIまで。
情報爆発社会で、デマに流されず世界を広げるには？
よく考え、対話するための、
あたらしいメディアリテラシーの教科書。

ちくまQブックス

片《かた》岡《おか》則《のり》夫《お》

清教学園中・高等学校　探究科教諭

マイテーマの探し方
――探究学習ってどうやるの？

題材選びから資料の探し方、引用・出典の書き方、
フィールドワーク、テーマ設定の〝落とし穴〟まで――
3000名の中高生の実例から、一番知りたい急所がわかる。
自分の興味と問いを見つめる、「探究学習」の大航海に出発！

津《つ》村《むら》記《き》久《く》子《こ》

小説家

苦手から始める作文教室
――文章が書けたらいいことはある？

作文のテーマの決めかたや書くための準備、
書き出しや見直す方法などを紹介。
その実践が自分と向き合う経験を作る。
芥川賞作家が若い人に説く、心に効く作文教室。

ちくまQブックス

池《いけ》上《がみ》嘉《よし》彦《ひこ》
東京大学名誉教授

ふしぎなことば ことばのふしぎ ——ことばってナァニ？

「伝える」だけじゃない。
ことばには「創り出す」はたらきもある
——子どもや詩人のハッとさせられることば遣いから、
やさしくときあかす〝ことば〟のふしぎ。

今《いま》井《い》むつみ
慶應義塾大学教授

AIにはない「思考力」の身につけ方 ——ことばの学びはなぜ大切なのか？

私たちは今、文章を読みながら思考力を使っている。
その時に頭の中で働くのは「推論の力」だ。
この力は人間だけにありAIにはない。
その違いと謎を解き明かす。

木村友祐

きむら・ゆうすけ

小説家。1970年、青森県八戸市生まれ。日本大学芸術学部文芸学科卒業。2009年「海猫ツリーハウス」で第33回すばる文学賞を受賞しデビュー。著書に『海猫ツリーハウス』(2010年、集英社)、『聖地Cs』(2014年、新潮社)、『イサの氾濫』(2016年、未來社)、『野良ビトたちの燃え上がる肖像』(2016年、新潮社)、『幸福な水夫』(2017年、未來社)、『幼な子の聖戦』(2020年、集英社／第162回芥川賞候補。2023年に文庫化)、温又柔氏との往復書簡『私とあなたのあいだ——いま、この国で生きるということ』(2020年、明石書店)がある。

ちくまQブックス
猫《ねこ》と考《かんが》える動物《どうぶつ》のいのち
命《いのち》に優劣《ゆうれつ》なんてあるの？

2024年12月5日　初版第一刷発行
2025年 3 月5日　初版第二刷発行

著　者　木村友祐
装　幀　鈴木千佳子
発行者　増田健史
発行所　株式会社筑摩書房
東京都台東区蔵前2-5-3　〒111-8755
電話番号03-5687-2601(代表)
印刷・製本　中央精版印刷株式会社

ISBN978-4-480-25156-5　C0336